W0198728

Virginia Vail

Tierarzt-Praxis Birkenallee 7

SO EIN AFFENTHEATER

Illustriert von Ines Vaders

Schneider-Buch

CIP-Titelaufnahme der Deutschen Bibliothek

Vail, Virginia:
Tierarzt-Praxis Birkenallee 7 / Virginia Vail.
[Übers. aus d. Amerikan.: Renate Navé]. –
München : F. Schneider
Einheitssacht.: Animal inn <dt.>

Bd. 3. So ein Affentheater. – 1988
Orig.-Ausg. u. d. T.: Vail, Virginia: Monkey business
ISBN 3-505-09705-5

Schneider-Buch

© 1988 für die deutsche Ausgabe
by Franz Schneider Verlag GmbH
8000 München 40 · Frankfurter Ring 150
Alle Rechte dieser Ausgabe vorbehalten
Übersetzung aus dem Amerikanischen: Renate Navé, München
Originaltitel: ANIMAL INN – MONKEY BUSINESS
© 1987 by Cloverdale Press. All rights reserved.
Published by arrangement with SCHOLASTIC INC.
Umschlagbild: Richard Williams
Umschlaggestaltung nach der Konzeption von Angelika Bachmann, München
Illustrationen: Ines Vaders, München
Lektorat: Andrea Bubner
Herstellung: Gabi König
Satz: ADV-Augsburger Druck- und Verlagshaus GmbH, Augsburg
Druck: Presse-Druck Augsburg
ISBN: 3 505 09705-5
Bestell-Nr.: 9705

Kaum hatten sie das Zelt betreten, rümpfte Linda die Nase, denn es stank fürchterlich. In den Käfigen, die kreisförmig aufgestellt waren, lagen träge die verschiedensten Tiere, die ihnen mit stumpfen Blicken entgegenstarrten.

„Paps, ich finde es schrecklich, wie die Tiere hier gehalten werden", sagte Linda und griff nach der Hand ihres Vaters.

„Ich bin ganz deiner Meinung", erwiderte der Tierarzt. „Komm, laß uns gehen!"

„Sieh doch mal dieses Äffchen an, Linda!" rief Teddy, der vor dem Käfig eines Kapuzineraffen stand. An den Gitterstäben war ein Schild angebracht, auf dem „Gigi", der Name des Äffchens, stand. Gigi hockte in einer Ecke, ihre Augen waren entzündet und verklebt. Als Linda sie ansah, begegneten sich ihre Blicke, und Lindas Herz schnürte sich zusammen.

Inhalt

Bei den Taylors ist immer was los

„Hallo, Linda, Erin, Paps! Ratet mal!“ rief Teddy Taylor, als er zur Tür hereinstürmte, gefolgt von seinen Freunden Eric und Billy. Die Jungen warfen achtlos ihre Footballhelme auf den Fußboden des alten Landhauses, in dem die Tierarztfamilie wohnte. Jocko, eine schwarzweiße Promenadenmischung, und Sunshine, ein großer, goldbrauner Cockerspaniel, begrüßten die Ankömmlinge mit lautem Freudengebell. Teddy nahm Jocko auf den Arm, hob ihn hoch und drehte sich mit ihm übermütig im Kreis.

„He, laß das!“ wehrte sich Eric kichernd, als ihm Sunshine vor Freude das Gesicht leckte.

Linda und ihre beste Freundin, Jill Dearborne, kamen mit neugierigen Gesichtern aus dem Wohnzimmer, wo sie sich mit einem Kartenspiel die Zeit vertrieben hatten.

Jill schlug bei dem Anblick, der sich ihr in der Diele bot, die Hände über dem Kopf zusammen und rief: „Ruhe! Müßt ihr so einen Krach machen? Da bekommt man ja Ohrenschmerzen!“

„Teddy, laß das!“ mischte sich nun auch Linda ein. „Du machst ja den Hund ganz verrückt. Wenn du ihn fallenläßt, kann er sich weh tun.“ Dann wandte sie sich an die beiden Freunde ihres Bruders: „Hallo, Eric! Hallo, Billy! Ich wette, die Mannschaft der *Tiger* hat das Match gewonnen, stimmt's?“

„Denkste!“ rief Billy. „Die *Buffalos* haben uns 24 : 6 geschlagen. Man nennt sie ja auch *Donnerherde*.“

„Warum führt ihr euch dann auf wie die Verrückten?“ wollte Linda wissen.

„Weil ein Jahrmarkt in die Stadt kommt!“ verkündete Teddy. „Wir haben die Plakate gesehen. Er kommt nächste Woche. Es ist auch ein Rummelplatz und eine Nagerie dabei.“

„Eine was?“ erkundigte sich Linda.

„Eine Nagerie. Du weißt schon, Löwen, Tiger und so“, antwortete Teddy.

„Du meinst wohl eine Menagerie“, verbesserte ihn seine ältere Schwester.

„Ja, das habe ich doch gesagt. Aber du hörst ja nie hin, wenn ich rede!“ brummte Teddy. „Was ist bloß los mit euch beiden? Ihr hört wohl schon schlecht!“

Linda und Jill warfen sich einen Blick zu und grinsten.

„Ich hab dir doch schon gesagt, daß ich von eurem Krach Ohrenschmerzen bekomme. Wenn ich öfter zu euch komme, werde ich noch taub“, zog Jill den Jungen auf.

„Was geht hier vor? Wieso macht ihr so einen Lärm?“ wollte Erin, Teddys jüngere Schwester, wissen. Sie hatte ihr Ballett-Trikot und Ballerinaschuhe an, denn sie war vom Hobbyraum, der unten im Keller lag, heraufgekommen.

„Ein Jahrmarkt und ein Wanderzoo kommen in die Stadt“, erklärte ihr Teddy. „Und wir gehen alle hin!“

Eric und Billy nickten.

„Super!“ rief Erin begeistert. „Darauf freue ich mich riesig! Weiß es Paps schon? Er soll mit uns allen hingehen.“

„Wo ist Paps eigentlich?“ fragte Teddy Linda.

„Er ist oben in seinem Arbeitszimmer und schaut sich im

Fernsehen ein Footballspiel an", sagte Linda. „Ich wette, er kommt gern mit auf den Jahrmarkt. Erinnert ihr euch, wie er letztes Jahr beim Schießen ins Schwarze getroffen und den Clown beim ersten Versuch ins Wasser geworfen hat? Da hat er doch einen Wecker gewonnen."

„Und dann sind wir alle mit der Achterbahn gefahren, und Erin wurde speiübel dabei!" warf Teddy lachend ein.

„Wie nett von dir, mich daran zu erinnern", sagte Erin pikiert. „Wenn es dieses Jahr wieder eine Achterbahn gibt, dann rechnet nicht mit mir. Aber mit dem Riesenrad fahre ich ganz bestimmt."

„Sag, Linda, gibt es was zu trinken im Haus?" erkundigte sich Teddy. „Wir sind von dem Footballspiel so durstig, daß wir gleich umfallen, wenn wir nicht sofort eine Limo oder was Ähnliches bekommen!"

„Ich habe auch Durst", sagte Linda. „Komm, Jill. Im Kühlschrank steht Zitronenlimonade. Und dazu gibt es Nuß- und Schokoladenplätzchen, die Frau Racer gebakken hat."

„Ich helfe dir", bot Erin sich an. „Du hast in der Küche zwei linke Hände und schaffst es womöglich, die Limonade anbrennen zu lassen!"

Linda warf ihrer jüngeren Schwester einen verächtlichen Blick zu. „Wie soll ich sie anbrennen lassen, wenn ich sie nicht erhitze?" zischte sie.

„*Du* wärst trotzdem dazu imstande", erwiderte Erin.

Als die drei Mädchen in die Küche gingen, hörten sie, wie Teddy zu seinen Freunden sagte: „Kommt, Jungs, schauen wir uns die *Adler* und die *Widder* im Fernsehen an. Hoffentlich spielen die *Adler* besser als die *Tiger* heute."

„Vielleicht möchte Frau Racer mit auf den Jahrmarkt kommen", sagte Erin und holte einen Krug eiskalter Zitronenlimonade aus dem Kühlschrank.

„Schon möglich", meinte Linda. „Wir werden sie fragen, wenn sie am Dienstag wiederkommt."

Frau Racer kümmerte sich um den Haushalt der Tierarztfamilie, seit Frau Taylor vor drei Jahren bei einem Autounfall ums Leben gekommen war. Sonntag und Montag waren ihre freien Tage, denn da hatte Doktor Taylor seine Praxis in der Birkenallee, die alle nur Tier-Treff nannten, geschlossen.

Als Linda gerade die Zitronenlimonade in einen Krug leerte, sprang Cleveland, ihr großer, rot-weiß getigerter Kater, mit einem Satz auf das Küchenbuffet. Er rieb sich laut schnurrend den Kopf an ihrem Arm, während seine gelbgrünen Augen auf den Krug gerichtet waren.

„Nein, Cleveland, das ist keine Milch", sagte Linda. „Und du weißt ganz genau, daß du hier oben nichts zu suchen hast", fügte sie in strengem Ton hinzu. Dann wandte sie sich an Erin: „Könntest du bitte etwas Milch in Clevelands Trinknapf schütten?"

Jill nahm den Kater vom Buffet herunter und setzte ihn auf den Boden vor den Napf, den Linda einmal in der Schule getöpfert und in blauen Glasurfarben mit dem Namen des Katers versehen hatte.

„Cleveland, du bist wirklich ein verzogenes Tier", sagte Jill und streichelte sein dichtes, weiches Fell.

Die Augen des Katers waren auf sie gerichtet, während er geduldig wartete, bis Erin seinen Napf mit Milch gefüllt hatte.

„Wollen wir Paps fragen, ob er mit uns nächsten Montag

nach der Schule auf den Rummelplatz geht?“ schlug Erin vor. „Du kommst doch auch mit, Jill, oder?“

„Gerne“, antwortete diese. „Das wird sicher ein Heidenspaß!“

„Und wenn Frau Racer auch mitkommen möchte, dann können wir sie auf dem Weg zum Messegelände zu Hause abholen“, schlug Linda vor. „Oh, ich kann es kaum erwarten, wieder Zuckerwatte und glasierte Äpfel zu essen! Und vielleicht gelingt es mir dieses Mal, an einem der Stände, wo man mit Bällen auf Plüschkatzen werfen muß, eine zu treffen.“

Cleveland blickte zu ihr hoch, so, als hätte er ihre Worte verstanden und wäre nicht einverstanden mit dem, was Linda vorhatte.

„Keine echten Katzen, Cleveland“, erklärte sie ihm. „Nur lustige Stofftiere!“

Der Kater stellte den Schwanz auf und schlabberte seine Milch zu Ende.

„Es gehört ganz schön viel Geschicklichkeit dazu, eins der Tiere zu treffen“, meinte Jill. „Mein Vater hat mir erklärt, daß es fast unmöglich ist, weil sie nach unten zu schwerer werden, die Bälle aber sehr leicht sind.“

„Ich bin im Ballwerfen viel besser geworden“, sagte Linda. Sie war in der Handballmannschaft des Hamilton-Gymnasiums und hatte in der letzten Zeit fleißig trainiert. „Ich wette, daß ich diesmal einen Volltreffer lande“, sagte sie überzeugt.

„Die Limonade steht bereit!“ rief Erin mit lauter Stimme zur Küchentür hinaus. „Die Plätzchen sind in der Dose neben dem Mehl“, erklärte sie Jill. „Aber wenn wir auch noch ein paar haben wollen, dann holen wir sie uns am besten gleich, denn wenn sich die Jungs erst darüber hermachen, dann bleiben nicht mehr viele übrig."

„Hurra! Es gibt Limo und Schokoladenplätzchen!" rief Teddy, als er mit Eric und Billy in die Küche gestürmt kam.

Jill starrte die drei Jungen ungläubig an, als sie sich auf die Keksdose stürzten, im Nu einen Berg Plätzchen verdrückten und mehrere Gläser Limonade leerten. „Wie ist das möglich, daß sie Erins Stimme trotz des lauten Footballkommentars bis hinüber ins Wohnzimmer hören konnten?" wunderte sie sich.

Linda sah ihren Bruder spitzbübisch an und meinte: „Teddy hört das Wort ‚Schokoladenplätzchen' auch aus der allergrößten Entfernung. Nach all dem, was er in sich hineinstopft, müßte er kugelrund sein, aber er ist es merkwürdigerweise nicht."

„Wenn man wächst, muß man ordentlich essen", verkündete Teddy mit einer Engelsmiene. „Beeilt euch, Jungs, die *Adler* scheinen zu gewinnen. Nehmt euch die Sachen mit rüber ins Wohnzimmer!"

„Krümelt ja nicht den Teppich voll, habt ihr verstanden?" rief Erin ihnen nach, als sie, die Hände voller Plätzchen, hinauseilten. „Frau Racer hat gestern die Böden gesaugt."

„Keine Sorge!" rief Teddy zurück. „Wenn ein paar Krümel auf den Teppich fallen, dann holen sie sich die Hunde, so schnell können wir gar nicht schauen!"

Linda seufzte und meinte: „Wahrscheinlich hat er recht. Sag mal, Jill, sind in der Dose noch Plätzchen?"

„Drei ganze und ein halbes, das schon ziemlich vertrocknet ist", antwortete Jill.

„Dafür ist noch genügend Limo da", meinte Erin und

schenkte jeder ein Glas voll ein. Dann teilten sie die letzten Plätzchen unter sich auf und machten es sich am Küchentisch bequem.

„Tooor! Tooor!“ hörten sie Teddy vor dem Fernseher brüllen. Billy und Eric pfiffen und klatschten vor Freude in die Hände.

Linda stand auf und schloß die Küchentür. „So, jetzt haben wir endlich unsere Ruhe“, sagte sie und atmete auf.

„Ich finde es toll, daß sich bei euch immer was tut“, meinte Jill und knabberte nachdenklich an ihrem Plätzchen. „Bei uns daheim ist nie was los. Sicher hat es auch seine Vorteile, Einzelkind zu sein, aber Geschwister wären mir lieber.“

„Nein, ich wäre viel lieber allein!“ rief Erin, doch als Lindas vorwurfsvoller Blick sie traf, fügte sie rasch hinzu: „Natürlich nicht immer, nur hin und wieder... Es wäre ja mal ganz schön, den Löwenanteil der Plätzchen zu bekommen und sich nicht immer mit dem begnügen zu müssen, was andere übriglassen.“

„Möchtest du mit mir tauschen?“ schlug Jill ihr lachend vor.

„Nein, ich glaube nicht“, erwiderte Erin. „Jüngere Brüder können einen zwar ganz schön nerven, aber auch große Schwestern...“ Sie sprach nicht weiter, denn abermals traf sie ein warnender Blick von Linda. So sagte sie rasch: „Ich mag meine Familie und finde sie ganz in Ordnung.“

„Wie schön für dich“, meinte Linda. „Vergiß nicht, daß auch du eine Nervensäge sein kannst. Aber meistens bist du ganz okay. Und wenn du später einmal eine große Ballerina sein wirst, dann werden wir alle sehr stolz auf dich sein.“

Erins Gesicht nahm einen verklärten Ausdruck an. „Ja, das werde ich bestimmt sein, ich fühle es", sagte sie. „Mama war auch eine berühmte Tänzerin, als sie jung war..."

„Und ich will in Paps' Fußstapfen treten und Tierärztin werden", meinte Linda. Dann wandte sie sich an Jill: „Was möchtest du denn einmal werden? Ich meine, was sind deine Berufsvorstellungen – diese Woche?" Sie zog Jill gerne mit dieser Frage auf, denn ihre Freundin änderte ihre Meinung von einer Woche zur anderen.

„Ich möchte Innenarchitektin werden wie meine Mutter", erklärte Jill. „Vielleicht studiere ich aber auch wie mein Vater Jura und werde Rechtsanwältin. Aber es kann auch sein, daß ich Modezeichnerin werde..."

„Aber vorher gehst du mit uns noch auf den Jahrmarkt, nicht wahr?" unterbrach Linda ihre Freundin. „Es wird sicher ein Riesenspaß. Ich liebe Rummelplätze. Nur die Tierkäfige kann ich nicht sehen. Ich gehe auch nicht gern in den Zoo. Ich finde es schrecklich, daß man wilde Tiere einsperrt."

„Aber wie sollten die Leute sonst erfahren, wie die Tiere in der Wildnis aussehen?" gab Jill zu bedenken. „Ich bin sicher, daß sie sich im Zoo wohl fühlen. Sie bekommen regelmäßig ihr Futter und haben alles, was sie brauchen. Wenn ich ein Tiger wäre, dann hätte ich bestimmt nichts dagegen, wenn ich nicht auf Beute gehen müßte, sondern täglich mein Futter vorgesetzt bekäme."

Linda schüttelte den Kopf. „Nein, Jill, das wärst du mit Sicherheit nicht. Du meinst das nur deshalb, weil du kein Tiger bist, sondern ein Mensch. Aber ein Tiger, ein Löwe oder jedes andere Tier, das in der Wildnis zu Hause ist, will

„Ist schon gut, mein Junge", beruhigte Linda Cleveland,
der auf ihren Schoß gesprungen war

seinem natürlichen Instinkt folgen. Wenn man das aber nicht zuläßt, wird es faul und träge und hört auf, ein wildes Tier zu sein. Erinnerst du dich an den Film über die Löwin Elsa? Dort konnte man sehr gut sehen, wie die Adamsons bemüht waren, Elsa beizubringen, sich wie eine echte Löwin zu verhalten, damit keine große, zahme Hauskatze aus ihr würde."

In diesem Augenblick begann Cleveland laut zu schnurren.

„Ich glaube, deine Hauskatze fühlt sich vernachlässigt", meinte Erin.

Der Kater sprang auf Lindas Schoß und rieb seinen Kopf an ihrem Kinn.

„Ist schon gut, mein Junge", sagte Linda und gab ihm ein Plätzchen. Der Kater schnupperte daran, bevor er es genüßlich verspeiste.

„Er gehört zu den Tieren, die nur dann zufrieden sind, wenn sie mindestens viermal am Tag einen vollen Futternapf vorgesetzt bekommen und womöglich dazwischen noch ein paar leckere Happen", meinte Jill.

„Aber Cleveland ist ein Haustier, das darfst du nicht vergessen", erinnerte Linda ihre Freundin. „Wenn er ein Löwe oder ein Leopard wäre, dann würde er in den Steppen Afrikas leben und Antilopen und andere Beutetiere jagen."

„Und mit den Antilopen hast du kein Mitleid?" mischte sich nun Erin in das Gespräch ein. „Tierliebend, wie du bist, müßte es dir gegen den Strich gehen, daß Löwen und Tiger sich von anderen Tieren ernähren, oder?"

Linda überlegte einen Augenblick, bevor sie Erin antwortete. „Das ist etwas ganz anderes. Du kannst nicht erwarten, daß ein Tier gegen seine Natur lebt und zum Pflanzenfresser wird, wenn es ein Fleischfresser ist. Ich bin Vegetarierin, weil ich kein Fleisch essen *will*. Das ist meine freie Entscheidung. Aber Tiere haben keine Wahl. Kühe ernähren sich von Gras, Pferde von Hafer, und Cleveland ..."

„Cleveland frißt alles", fuhr Jill lachend fort. „Ich wette, er würde selbst vor einem stinkenden Camembert nicht zurückschrecken!"

„Stimmt sogar, Jill! Cleveland liebt Käse über alles. Er mag auch gekochten Reis oder Hirse, Spargel und gegrilltes Huhn, ja, eigentlich alles, was man ihm in seinen Futternapf gibt."

„Genau wie Teddy!" stellte Erin lachend fest, und alle lachten mit ihr.

„Sind noch Plätzchen da?" fragte in diesem Augenblick Teddy, der den Kopf zur Küchentür hereinsteckte.

„Pech gehabt!" meinte Linda. „Nicht eine Krume."

„So 'n Mist", maulte Teddy. „Wann gibt es denn Abendessen? Können Eric und Billy bleiben?"

„Wir essen in einer guten Stunde. Klar können deine Freunde bleiben. Sie sollen nur vorher ihre Mütter um Erlaubnis fragen", meinte Linda. „Möchtest du auch mit uns essen?" wandte sie sich dann an Jill. „Es gibt gegrilltes Huhn. Keine Sorge, Frau Racer hat Erin genau erklärt, wie sie es zubereiten muß", fügte sie rasch hinzu, als sie die besorgte Miene ihrer Freundin sah. „Es kommt garantiert nicht wieder vor, daß du ein Hähnchen, in dem noch der Plastikbeutel mit den Innereien steckt, essen mußt. Heute hat es eine richtige Füllung. Ich esse aber mit Käse überbackene Auberginen."

„Okay, ich ruf nur meine Mutter an und sag ihr Bescheid, daß ich später heimkomme. Versprichst du mir wirklich, daß es kein Plastik zu essen gibt?“

„Du hast mein Ehrenwort, Jill“, meinte Linda feierlich. „Und sollte dir das Huhn trotzdem nicht schmecken, dann kannst du auch Auberginen haben.“

„Nein danke, ich bleibe lieber bei Huhn“, sagte Jill und leerte ihr Limonadeglas. „Mit überbackenen Auberginen kannst du mich wirklich nicht hinter dem Ofen hervorlokken. Ich bleibe aber nur, wenn wir die Englisch-Hausaufgabe machen. Meiner Mutter werde ich gleich am Telefon sagen, daß ich mit euch auf den Jahrmarkt gehen möchte. Ich bin sicher, sie hat nichts dagegen.“

„Warum fragst du nicht auch Toby, ob er mitkommen möchte?“ schlug Erin Linda vor. „Vielleicht weiß er noch gar nicht, daß ein Jahrmarkt stattfindet, wo er doch auf dem Land lebt.“

„Ja, das ist eine gute Idee“, meinte Linda. „Ich werde ihn am Dienstag, wenn ich ihn nach der Schule im Tier-Treff sehe, fragen.“

Toby Curran war Lindas bester Freund. Seit er in der Tierklinik arbeitete, gehörte er praktisch zur Familie. Er war für die drei Geschwister wie ein großer Bruder. Vor allem Linda hatte immer viel Spaß mit ihm, wenn sie ihn hin und wieder außerhalb der Arbeit sah.

Jill nahm den Hörer des Küchentelefons ab und stellte mit einem Seufzer fest, daß Teddy die Leitung blockierte. Sie wandte sich an Linda. „Sag mal, bist du sicher, daß das Huhn für uns alle reicht? Wir sind schließlich sieben Personen.“

„Keine Angst, Jill, es ist ein riesiges Huhn“, beruhigte

Linda ihre Freundin. „Wir haben es von Herrn Gebhart bekommen. Paps hat doch seinen Collie operiert, als er von einem Auto überfahren wurde. Und als er dann doch gestorben ist, hat Paps Herrn Gebhart keine Rechnung geschickt. Dafür bringt er uns jede Woche ein Huhn, Eier oder Gemüse und Obst."

„Und er hat uns auch die Küken geschenkt, die in dem Hühnerstall draußen auf dem Hof sind", sagte Erin. „Jill, stell dir vor, die Gebharts kommen noch in einer Pferdekutsche zu uns. Linda und das Pferd sind inzwischen dicke Freunde geworden."

„Es ist ein herrliches Pferd", schwärmte Linda. „Aber Ghost ist noch schöner!"

Für Linda war Ghost das schönste Pferd, auch wenn er schon fünfzehn Jahre alt war und nicht mehr gut sehen konnte. Es war schon immer ihr größter Wunsch gewesen, ein eigenes Reitpferd zu besitzen. Und vor ein paar Monaten war dieser Traum in Erfüllung gegangen. Ghosts Besitzer hatte das Pferd einschläfern lassen wollen, weil es nicht mehr an Turnieren teilnehmen konnte. Da hatte ihm Linda ihre gesamten Ersparnisse angeboten und Ghost gekauft.

„Klar ist Ghost schöner", meinte Jill, „Ghost ist das schönste Pferd von ganz Pennsylvania."

„Linda, stellst du bitte das Huhn in zehn Minuten in den Backofen? Ich gehe inzwischen in den Hobbyraum und übe für die *Coppélia*-Aufführung. Ich studiere die Rolle der Coppélia ein."

„Ich dachte, die tanzt jemand anders", meinte Linda.

„Ja, aber falls Donna Blum sich den Knöchel verstaucht oder aus irgendeinem anderen Grund nicht auftreten kann, muß jemand für sie einspringen. Und außerdem, wenn ich eine berühmte Ballerina wie Mama werden will, muß ich früher oder später alle großen Rollen einstudieren, und deshalb fange ich jetzt schon damit an." Mit diesen Worten tanzte sie zur Tür hinaus.

Linda schaute ihr lächelnd nach. „Sie wird erreichen, was sie will", sagte sie zu Jill. „Erin ist wirklich begabt. Und sie ist so zierlich und graziös, genau das Gegenteil von mir. In meinen Augen hat sie alle Voraussetzungen, um eine große Ballerina zu werden."

Jill schaute sie, das Kinn in die rechte Handfläche gestützt, nachdenklich an und meinte schließlich: „Weißt du, Linda, irgendwie beneide ich dich. Sicher, es ist schrecklich, daß du deine Mutter verloren hast, aber du hast immerhin Teddy, Erin und deinen Vater. Bei euch tut sich immer was, da ist es einfach nie langweilig."

„Das kann man wohl sagen!" stimmte Linda ihr bei und schob das Huhn in die Ofenröhre. „Aber, um ehrlich zu sein, Jill, ich beneide dich auch manchmal. Ein Einzelkind zu sein muß auch sehr schön sein."

„Natürlich hat es auch seine Vorteile", gab Jill zu. „Ich brauche zum Beispiel nicht auf jüngere Geschwister aufzupassen wie du. Aber manchmal wünsche ich mir, daß bei uns zu Hause mehr los wäre."

„Ja, ich weiß, was du sagen willst, Jill. Aber du kannst jederzeit zu uns kommen, wenn dir die Decke auf den Kopf fällt. Versprich mir, daß du das tust, okay?"

In diesem Augenblick stürzte Teddy zur Tür herein, gefolgt von Billy und Eric.

„Du, Linda, Erics Mutter sagt, Eric darf bleiben, aber Billys Mutter erlaubt es nicht, weil seine Großeltern zum

Abendessen kommen. Billy kann also nicht bleiben. Sag mal, haben wir noch Limo im Kühlschrank? Wir sind noch immer durstig, und Billy muß mit dem Fahrrad nach Hause fahren, was er ohne ein großes Glas Limo sicher nie schafft. Ja, und beide dürfen mit uns auf den Rummelplatz kommen. Und die *Adler* haben gewonnen!"

„Klasse!" sagte Linda. „Im Kühlschrank ist noch genügend Limonade, holt sie euch selbst raus."

Teddy schenkte Billy ein. „Ich kann es kaum erwarten, daß wir auf den Jahrmarkt gehen", meinte er.

„Paß auf, wenn du die Limo einschenkst", ermahnte ihn Jill. „Das Zeug ist doch so klebrig."

„Danke für deinen Rat, Jill. Was täte ich bloß ohne dich?" erwiderte Teddy grinsend und zwickte sie in den Arm.

„Na, warte, ich werde es dir zeigen", sagte Jill lachend und kitzelte Teddy unter den Armen.

Teddy schrie um Hilfe und versuchte vergeblich, sich gegen Jills Zugriff zu wehren. „Hör auf, das ist unfair!" rief er. „Du bist ja noch lästiger als meine Schwester!"

„Na, Jill, willst du immer noch einen jüngeren Bruder haben?" sagte Linda lachend. „Aber du solltest jetzt lieber deine Eltern anrufen, die Leitung ist frei."

Auf dem Rummelplatz

Freitag vormittag herrschte reges Treiben auf dem Messegelände von Essex, denn der Rummelplatz wurde aufgebaut. Linda stand fasziniert vor dem eisernen Zaun, der das Gelände umgab. Sie hatte auf dem Weg von der Schule zum Tier-Treff eigens diesen großen Umweg gemacht, um sich zu vergewissern, daß die Jahrmarktleute wirklich eingetroffen waren. Am Abend zuvor war nämlich keine Menschenseele auf dem großen, weiten Platz zu sehen gewesen. Aber jetzt ragte ein Riesenrad in den Himmel, ein Karussell war aufgebaut, und daneben stand eine riesige Achterbahn. Außerdem gab es eine Menge Verkaufs- und Schießbuden. Aus einem geräumigen Zelt, über dessen Eingang ein rotes Spruchband mit der Aufschrift ZEFFERELLI-ZOO gespannt war, hörte man Vogelgekreische, das Trompeten eines Elefanten und das unheimliche Brüllen einiger Löwen.

Linda sah sich schon im Geiste mit Erin und Teddy über das Jahrmarktgelände schlendern. Sie konnte förmlich die glasierten Äpfel, die duftige Zuckerwatte und das frisch geröstete Popcorn riechen. Sie schnupperte. Tatsächlich schwebte bereits der verlockende Duft von Hot dogs, von frisch gebackenen Brezen, geschmolzenem Käse und Lachsbroten mit Zwiebeln in der Luft. Linda lief das Wasser im Mund zusammen, obwohl sie nicht hungrig war. Wenn es doch schon Montag wäre! dachte sie. Dann wäre es endlich soweit: Gemeinsam mit ihrem Vater, mit

Jill, Toby, Erin und deren Freundin Olivia, mit Teddy, Billy und Eric würde sie einen herrlichen Nachmittag auf dem Rummelplatz verbringen. Am liebsten hätte sie sich jetzt schon ein wenig umgesehen, aber offizieller Einlaß war erst am Samstag. Sie tröstete sich damit, daß es allein sicher nur halb soviel Spaß machen würde. Das Reizvolle an Jahrmärkten war schließlich, daß man sie gemeinsam mit der Familie oder mit Freunden besuchte.

Linda war fest davon überzeugt, daß sie diesmal an einem der Stände, wo man mit Bällen auf Stofftiere werfen konnte, einen Preis gewinnen würde, weil sie auch inzwischen im Handballspiel große Fortschritte gemacht hatte.

Das Jahr zuvor hatte sich Erin so sehr einen großen, roten Stoffwurm gewünscht, aber Linda war es nicht geglückt, ihn zu treffen. Aber dieses Mal würde es klappen, dessen war sie sich ganz sicher.

Ein Blick auf ihre Armbanduhr mahnte sie zum Aufbruch. Sie wollte auf keinen Fall zu spät in der Tierklinik eintreffen, obwohl ihr Vater ihr keinen Vorwurf machen würde. Aber sie wollte keinen Vorteil daraus ziehen, daß sie die Tochter des Tierarztes war.

„Sieh mal, Paps, dort hinter dem roten Wagen ist noch eine Parklücke!“ rief Teddy aufgeregt, nachdem sein Vater schon mehrere Male mit dem vollbesetzten Kombi um das Jahrmarktgelände gefahren war.

„Gut gemacht, mein Junge“, sagte Doktor Taylor und fuhr in die Parklücke. Dann wandte er sich an seine acht Insassen und meinte: „Jetzt hört mir mal alle zu. Wir sind zu neunt, und da kann es leicht vorkommen, daß der eine oder andere verlorengeht. Linda, du, Jill und Toby, ihr behaltet die Jüngeren im Auge. Ich passe natürlich auch auf, daß keiner verlorengeht. Sollte es aber trotzdem passieren, dann soll derjenige am Haupteingang auf mich warten. Auf jeden Fall gibt es auch dann keinen Grund zur Panik. Ist das klar? Aber damit es gar nicht soweit kommt, rate ich euch, immer beisammenzubleiben."

„Alles klar, Paps", sagte Linda.

„Um Olivia und mich braucht ihr euch nicht zu kümmern", meinte Erin. „Wir sind noch nie verlorengegangen."

Oivia, ein hübsches, schwarzhaariges Mädchen, das in Erins Ballettklasse ging, nickte.

„Wir auch nicht!" meldete sich Teddy zu Wort. „Wir drei sind unzertrennlich, nicht wahr, Jungs?" Dabei sah er Eric und Billy lachend an.

Die beiden Freunde stimmten ihm lebhaft zu.

„Also dann, nichts wie los!" sagte der Tierarzt.

Sie kletterten aus dem Kombi und gingen in Richtung Haupteingang. Fröhliche Jahrmarktmusik drang ihnen entgegen. Dazwischen ertönten laute Stimmen aus Lautsprechern. Überall drängten sich Schaulustige. Elternpaare gingen mit ihren Kindern an der Hand von einer Schaubude zur anderen, und Scharen von Jugendlichen strömten auf die Achterbahn und das Riesenrad zu.

„Ich möchte Karussell fahren", rief Teddy.

„Und ich Go-Kart", sagte Erin.

„Ich möchte mit dem Riesenrad fahren", meinte Linda.

„Immer mit der Ruhe", ermahnte sie der Tierarzt. Er gab Teddy das nötige Kleingeld, damit er für sich und seine Freunde Karten für das Karussell kaufen konnte. Erin durfte mit Olivia Go-Kart fahren. Als Doktor Taylor auch

Linda das Eintrittsgeld geben wollte, schüttelte sie den Kopf. „Danke, Paps, aber ich habe schließlich mein eigenes Geld. Und Toby und Jill ebenfalls. Wir sind ungefähr in einer Viertelstunde wieder zurück und treffen uns genau hier wieder. Einverstanden?"

Der Tierarzt zog eine Augenbraue hoch und sagte: „Und was ist mit mir? Meint ihr, ich will mich nicht amüsieren?"

„Aber, Herr Taylor, Sie kommen natürlich mit uns", meinte Jill und nahm seine Hand. „Toby und Linda sitzen in einem Wagen und wir beide in einem anderen."

„Danke, Jill. Aber ich möchte mich lieber Teddy anschließen", erwiderte der Tierarzt.

„Au, fein, Paps!" rief Teddy begeistert. Dann wandte er sich an seine ältere Schwester: „Wir treffen uns also hier wieder, Linda. Und komm ja nicht auf die Idee, uns zu versetzen!"

Linda lachte. „Natürlich nicht, Teddy." Zu Tobby und Jill meinte sie: „Ich glaube, wir haben auch zu dritt in einem Wagen Platz."

Linda war schon immer am liebsten mit dem Riesenrad gefahren. Am höchsten Punkt angekommen, konnte man die ganze Stadt überblicken, und bei schönem Wetter sah man sogar die Berge. Die Fahrt mit dem Riesenrad war außerdem nicht mit dem etwas unguten Gefühl von Angst verbunden, das sie in der Achterbahn verspürte.

Unten angekommen, trafen sich Linda, Jill und Toby wie vereinbart mit den anderen. Alle verspürten plötzlich einen Riesenhunger, den sie sogleich mit Hot dogs, Würstchen, Zuckerwatte und glasierten Äpfeln stillten. Und gegen den Durst gab es Limonade und Cola.

Linda liebte es, Riesenrad zu fahren und von dort oben die ganze Stadt zu überblicken

„Wann sehen wir uns endlich die Tiere an?“ wollte Teddy wissen, dessen Kinn und Wangen von einem rosafarbenen Flaum von Zuckerwatte überzogen waren. Linda dachte im ersten Augenblick, sie sollte ihrem kleinen Bruder das Gesicht abwischen, aber sie ließ es dann bleiben, denn sie wußte, er würde einen Wutanfall bekommen, wenn sie ihn bemutterte.

In diesem Augenblick sah sie eine Schaubude mit Stoffkatzen. „Ich möchte gerne ausprobieren, ob ich diesmal mehr Glück habe“, sagte sie zu ihrem Vater und zeigte auf den Stand.

„Warum nicht? Schließlich ist es ja dein Geld“, erwiderte ihr Vater mit einem Augenzwinkern.

Linda zahlte für drei Bälle. Sie stellte sofort fest, daß sie federleicht waren. Wie sollte sie damit eine Stoffkatze umwerfen?

„Nun mach schon, junge Dame!“ sagte der Budenbesitzer. „Zeig, was du kannst!“

Linda drehte den Ball in der Hand herum, und bevor sie ihn warf, dachte sie eine Sekunde lang an das Handballspiel in der Schule. Sie konzentrierte sich auf den Kopf der Katze, hielt einen Augenblick den Atem an und holte zum Wurf aus. Es war ein Volltreffer. Die Katze fiel sofort um.

Teddy, Erin und ihre Freunde konnten sich vor Freude kaum beruhigen.

„Bravo, Linda!“ sagte ihr Vater anerkennend.

„Nicht übel für ein Mädchen“, meinte Toby und erntete dafür einen vorwurfsvollen Blick von Linda. „Ich wette, du triffst kein zweites Mal“, fuhr er fort.

„Abwarten, mein Freund“, erwiderte Linda gelassen und griff nach dem zweiten Ball. Aber diesmal verfehlte sie das

Ziel, denn Tobys Worte hatten sie verunsichert.

Alle machten enttäuschte Gesichter, nur Toby grinste.

Linda biß die Zähne zusammen und zählte bis zehn. Dann sagte sie sich, daß Toby sich bislang als guter Freund erwiesen hatte, und nahm sich vor, den Vorfall zu vergessen. Obwohl sie sich darüber im klaren war, daß sie nicht mehr den ersten Preis gewinnen konnte – auch dann nicht, wenn sie noch eine zweite Katze traf –, griff sie nach dem dritten Ball. Sie fixierte das Ziel und holte zum Wurf aus. Die Katze fiel getroffen um, begleitet von stürmischen Beifallsrufen.

„Bei zwei von dreien gewinnst du diese wunderschöne Plastikpfeife", sagte der Budenbesitzer und überreichte Linda ihren Preis.

„Au fein, Linda!" rief Teddy begeistert. „Wenn sie dir nicht gefällt, kann ich sie haben?"

„Na klar", erwiderte seine Schwester und gab sie ihm.

„Teddy nahm die Pfeife und blies hinein. Ein schriller Pfiff ließ alle erschrocken zusammenzucken.

„Möchtest du es nicht noch einmal versuchen?" fragte der Mann am Stand. „Du stellst dich recht geschickt an. Spielst du Handball?"

„Ja", erwiderte Linda und überlegte, ob sie noch einen Versuch machen sollte. Sie betrachtete die Tiere, die man gewinnen konnte, und entdeckte darunter ein türkisfarbenes Plüscheinhorn. Erins Blick war ebenfalls darauf gerichtet, und Linda las darin, wie sehr sie sich das Einhorn wünschte. Wie gerne würde ich es für sie gewinnen, dachte Linda. Bevor sie das nötige Geld aus ihrer Tasche gekramt hatte, stand Toby neben ihr. Er legte drei Münzen auf die Theke und nahm sich drei Bälle. „He, diese Bälle sind ja viel zu leicht!" stellte er entrüstet fest.

„Wem sagst du das", entgegnete Linda. „Deshalb ist es ja so schwer, ein Tier umzuwerfen."

„Das ist reine Kraftsache", meinte Toby mit gespielter Lässigkeit. „Jungen sind nun mal stärker als Mädchen. Ich werde es euch gleich beweisen." Mit diesen Worten machte er einen Schritt nach rückwärts, hielt einige Sekunden inne und warf – und verfehlte das Ziel.

„He, Toby, was ist denn los mit dir?" fragte Teddy.

„Nichts", erwiderte Toby. „Das war der Wind. Habt ihr ihn nicht auch gespürt?"

Linda und Jill sahen sich grinsend an.

„Ganz klar, Toby. Ich dachte, ein Orkan sei ausgebrochen", sagte Linda mit ernster Miene.

„Sehr witzig", brummte Toby und griff nach dem zweiten Ball. Diesmal hatte er mehr Glück, denn der Ball prallte auf einer Katze auf.

„Habt ihr das gesehen?" sagte er stolz.

„Bedaure, mein Junge", meinte der Budenbesitzer. „Die Katze ist nicht umgekippt, das zählt nicht. Sieht ganz so aus, als habe dich die junge Dame da geschlagen", fügte er lachend hinzu.

Tobys Ohren liefen knallrot an, wie immer, wenn er verlegen war.

Linda schwieg.

Toby warf den dritten Ball, und diesmal traf er die Katze mitten auf den Kopf, so daß sie von der Wand fiel.

Alle bejubelten seinen Volltreffer, nur Linda hielt sich zurück.

„Das hast du aber toll gemacht", bewunderte Teddy ihn.

„Danke", meinte Toby, wischte sich die Handflächen an

seinen Jeans ab und wandte sich mit gesenktem Kopf von Linda ab.

Linda ging auf ihn zu. „Toby“, sagte sie mit sanfter Stimme.

„Ja?“ kam es mißtrauisch zurück.

„Das war wirklich ein Volltreffer“, sagte Linda. „Dazu gehört ganz schön viel Kraft.“

„Ja, und natürlich auch Treffsicherheit“, erwiderte Toby. „Du warst wirklich große Klasse, Linda. Vor allem, wenn man bedenkt, daß du bei weitem nicht so stark bist wie ich“, fügte er hinzu und lächelte gezwungen.

„Danke“, sagte Linda lachend, und nun lachte auch Toby.

„Wollen wir deinen Vater fragen, ob er auch einen Versuch machen möchte?“ schlug Toby vor.

Linda nickte begeistert und näherte sich ihrem Vater, der mit Teddy vor einer anderen Schaubude stand. „Paps, Toby und ich dachten, du solltest auch einmal dein Glück versuchen.“

„O ja, Paps! Bitte probier es!“ bettelte Erin.

„Ja, komm schon, Paps!“ rief Teddy begeistert und drückte seinem Vater drei Bälle in die Hand.

Der Tierarzt rieb sich den Bart und zog eine Augenbraue hoch.

„Jetzt müssen Sie sich mächtig ins Zeug legen“, sagte der Budenbesitzer zu Doktor Taylor, als dieser in Stellung ging.

„Aufgepaßt, gleich geht's los“, sagte der Tierarzt.

Der Ball prallte mit so großer Wucht auf der Plüschkatze auf, daß diese sofort umfiel.

„Super, Paps, mach so weiter!“ rief Teddy aufgeregt.

Doktor Taylor nahm den zweiten Ball, und wiederum gelang ihm ein Volltreffer.

„Zwei von dreien!" freute sich Linda. „Jetzt brauchst du nur noch einen Treffer."

Ihr Vater nahm den dritten Ball und warf ihn auf die letzte Katze, wobei er ein ebenso konzentriertes Gesicht machte wie Linda. Der Ball landete mit einem lauten Aufprall auf der Katze, die sofort umkippte.

Linda, Toby, Jill, Erin, Olivia, Teddy und dessen Freunde führten einen wahren Freudentanz auf, und auch die Leute, die Doktor Taylor beobachtet hatten, freuten sich mit ihnen.

„Haben Sie immer eine so ruhige Hand?" wollte der Budenbesitzer wissen. „Welchen Preis möchten Sie? Sie können wählen zwischen einem Transistorradio, einer Kamera und einem Walkman. Bedienen Sie sich!"

Der Tierarzt warf Linda einen kurzen Blick zu, den sie mit einem Nicken erwiderte.

„Ich möchte eigentlich das türkisfarbene Einhorn", sagte Doktor Taylor.

„Ist mir auch recht", meinte der Mann und drückte dem Tierarzt das Plüschtier in die Hand.

„Das Einhorn braucht ein schönes Zuhause", sagte Doktor Taylor und wandte sich an Erin. „Glaubst du, daß in deinem Zimmer noch Platz ist?"

„O Paps! Es gehört wirklich mir?" Erins Augen leuchteten vor Freude, als sie das Plüschtier an die Brust drückte. „Es ist wunderschön! Aber du hättest für dich etwas aussuchen sollen. Das Radio oder die Kamera..."

„Ich habe alles, was ich brauche", sagte ihr Vater und strich ihr liebevoll mit der Hand über die Haare. „Nimm es

3 9705-8

ruhig, Kleines. Ich glaube nicht, daß es viel Futter braucht, und Arbeit macht es sicher auch keine. Genau das richtige Haustier für uns."

Erin klemmte sich das Einhorn unter den einen Arm, den anderen legte sie um den Hals ihres Vaters und drückte ihm einen Kuß auf die Wange. „Vielen Dank, Paps", sagte sie glücklich. „Ich freue mich riesig darüber."

„Das weiß ich, Erin", sagte ihr Vater.

Anschließend sahen sie sich die anderen Schaubuden an, und jeder von ihnen versuchte, etwas zu gewinnen.

„Jetzt gehen wir aber zu den wilden Tieren", schlug Linda vor.

„Das möchte ich schon seit einer Stunde", meinte Teddy. „Ich will auch die Tiere sehen!"

„Wir gehen ja schon", beruhigte ihn sein Vater und machte sich mit ihnen auf den Weg zum Tierzelt.

Kaum hatten sie es betreten, rümpfte Linda die Nase, denn in dem Zelt stank es fürchterlich. In den Käfigen, die kreisförmig aufgestellt waren, lagen träge und schläfrig die verschiedensten Tiere. Ein Bär starrte ihnen mit stumpfem Blick entgegen. Sein Fell war glanzlos und wies einige kahle Stellen auf. In einem anderen Käfig lag ein schlafender Tiger. Ein junger Elefant kaute lustlos an einem Büschel Heu und starrte sie mit ausdruckslosen Augen an.

„Paps, ich finde es schrecklich, wie die Tiere hier gehalten werden", sagte Linda und griff nach der Hand ihres Vaters.

„Ich bin ganz deiner Meinung", erwiderte der Tierarzt. „Komm, laß uns gehen!"

„Sieh doch mal dieses Äffchen an, Linda!" rief Teddy, der

vor dem Käfig eines Kapuzineraffen stand. An den Gitterstäben war ein Schild angebracht, auf dem „Gigi", der Name des Äffchens, stand. Gigi hockte in einer Ecke, ihre Augen waren entzündet und verklebt. Als Linda sie ansah, begegneten sich ihre Blicke, und Lindas Herz schnürte sich zusammen. „Paps, dieses Äffchen ist krank", sagte sie mitleidig.

„Gigi ist nur erkältet, das ist alles. Ansonsten ist sie völlig gesund. Sie ist ein richtiger Clown und bringt alle Leute zum Lachen", ertönte eine tiefe Männerstimme hinter ihnen. „Und nur, weil sie einmal nicht zum Spaßen aufgelegt ist, haben alle gleich Mitleid mit ihr. Aber wie soll ich mit einem Affen Geld verdienen, der Mitleid erregt?"

Linda und ihr Vater drehten sich um. Ein kräftiger, dunkelhaariger Mann sah sie an. „Sie will einfach nicht gesund werden", fuhr er fort. „Ich habe schon alles mögliche ausprobiert, aber sie ist nicht mehr so lustig, wie sie es immer war. Wenn sich das nicht ändert, bin ich gezwungen, sie herzugeben."

„Waren Sie mit ihr schon beim Tierarzt?" erkundigte sich Doktor Taylor.

„Nein, natürlich nicht. Wir bleiben nie lange an einem Ort, und da können wir nicht auch noch zu einem Tierarzt gehen", erklärte der Mann.

„Ich bin Tierarzt", sagte Doktor Taylor. „Dieses Äffchen hat offensichtlich eine schwere Infektion der Atemwege. Und es sieht ganz so aus, als wäre es unterernährt. Antibiotika und die richtige Ernährung würden ihm bald wieder auf die Beine helfen. Warum bringen Sie es nicht in meine Klinik? Sie liegt direkt an der York Road, Birkenallee 7. Bei uns wird es richtig behandelt und bald wieder gesund."

„Einverstanden, Doktor", sagte der Mann. „Ich bringe Gigi sofort zu Ihnen. Sagen Sie, könnten Sie sich nicht auch den kleinen Leo ansehen? Leo ist ein Löwenbaby. Ich habe ihn sehr günstig von einem Zirkus bekommen. Er kommt beim Publikum besonders gut an, weil er ein so niedliches Tierchen ist. Aber in letzter Zeit liegt er nur noch lustlos herum, frißt kaum etwas und mag auch nicht mehr spielen. Glauben Sie, daß Sie ihm helfen können?"

„Paps, Olivia und ich gehen raus", sagte Erin. „Wir halten den Gestank hier drinnen nicht länger aus", fügte sie leise hinzu. „Und außerdem können wir es nicht mit ansehen, wie die Tiere hier gehalten werden."

Ihr Vater nickte. „Ja, das kann ich gut verstehen. Geht nur, wir kommen gleich nach."

Erin packte Olivia am Arm. „Komm, wir gehen. Teddy, willst du mit deinen Freunden noch hierbleiben?"

Der Junge verzog das Gesicht. „Nein, was denkst du? Dieser Zoo ist das letzte!"

Gemeinsam mit den beiden Mädchen verließen die drei Jungen das Zelt. Jill folgte ihnen ebenfalls. Nur Toby blieb noch mit Linda und dem Tierarzt zurück.

Linda näherte sich dem Käfig, in dem das Löwenbaby lag. Sie ging in die Hocke, um Leo besser sehen zu können. Der Käfig war verdreckt, und der kleine Löwe befand sich in einem schlimmen Zustand. Er war bis auf die Knochen abgemagert. Linda schätzte, daß er höchstens vier Monate alt war. Wie konnte man nur so herzlos sein und ein krankes Löwenbaby seinem Schicksal überlassen? dachte sie.

„Dieser kleine Kerl sieht ja erbärmlich aus“, stellte Toby entrüstet fest. „Füttern Sie ihn denn nicht, wie es sich gehört?“

Der Mann streckte den Brustkorb heraus und reckte sich, um sich Respekt zu verschaffen. „Was, du fragst Tonio Zefferelli, ob er seine Tiere ordentlich füttert? Selbstverständlich tue ich das. Leo bekommt reichlich zu fressen, aber er rührt nichts an. Ich gebe ihm gehacktes Pferdefleisch, doch es schmeckt ihm nicht.“

Linda entdeckte in einer Ecke des Käfigs einen Futternapf mit einer stinkenden Fleischmasse. Kein Wunder, wenn Leo das nicht anrührt, dachte sie. Wenn er es täte, wäre sein Zustand wahrscheinlich noch schlimmer, als er bereits ist.

Ihr Vater stellte sich nun auch vor Leos Käfig und sah sich das Löwenbaby näher an. „Herr Zefferelli, Leo ist noch ein Baby. Er braucht eine ganz spezielle Ernährung – gutes, frisches Fleisch und viel Milch und Vitamine. Es kann sein, daß er eine Infektion hat oder eine Darmkrankheit. Auf jeden Fall muß er gründlich untersucht werden.“

„Wie Sie meinen, Doktor“, sagte Herr Zefferelli. „Wollen Sie auch Leo behandeln? Ich bin sicher, Sie können ihn gesund machen. Mein Sohn Cesare wird ihn mit Gigi in Ihre Klinik bringen. Bei Ihnen werden sicher beide bald gesund. Egal was es kostet, für meine Tiere ist mir nichts zu teuer.“ Er ging in den rückwärtigen Teil des Zeltes und steckte den Kopf durch eine Öffnung. „He, Cesare, beweg deine faulen Knochen hierher!“ rief er. „Und hol den Transporter.“

Linda und ihr Vater sahen sich einen Moment lang ratlos an. Der Tier-Treff war montags geschlossen, aber da es sich um zwei Notfälle handelte, mußten sie eine Ausnahme machen.

„In Ordnung, Herr Zefferelli“, sagte Doktor Taylor. „Richten Sie Ihrem Sohn aus, er soll Leo und Gigi in die Birkenallee 7 bringen. Ich gehe jetzt zu meinem Wagen und werde am Haupteingang auf Ihren Sohn warten. Es ist ein dunkelblauer Kombi mit der Aufschrift *Tier-Treff*. Er ist nicht zu übersehen. Cesare soll mir einfach nachfahren.“

„Doktor, Sie sind ein guter Mensch, das wußte ich vom ersten Augenblick an“, sagte Herr Zefferelli überschwenglich und schüttelte kräftig die Hand des Tierarztes. „Und morgen komme ich in Ihre Klinik, und dann sagen Sie mir, was ich für meine Tiere tun kann, und ich begleiche die Rechnung.“

Linda, Toby und der Tierarzt verließen das Zelt, vor dem Erin, Jill, Olivia, Teddy und seine Freunde warteten. Wenige Minuten später saßen alle in dem Kombi und fuhren zum Haupteingang des Messegeländes. Gleich darauf kam Cesare mit seinem Transporter und winkte ihnen zu.

Der Tierarzt ließ den Motor an, und Cesare folgte ihm.

„Das war ja grauenhaft“, meinte Jill. „Ich habe noch nie so viele elende Tiere auf einmal gesehen!“

„Ich auch nicht“, meinte Teddy. „Man müßte das dem Tierschutzverein melden, Paps.“

„Ja, Teddy hat recht. Man müßte es wirklich tun. Aber wie kann man jemanden wie Herrn Zefferelli, der ständig auf Achse ist, kontrollieren?“ gab der Tierarzt zu bedenken.

„Ja, das ist richtig. Aber wenigstens können wir Gigi und

Leo helfen", sagte Linda. „Wir können ja Herrn Zefferelli sagen, wie er am besten für seine Tiere sorgen kann."

Der Tierarzt sah Linda mit ernster Miene an und meinte: „Ja, das können wir. Aber wir haben keine Garantie, daß er unsere Ratschläge befolgt. Nichtsdestotrotz werden wir unser Bestes tun."

Eine lange Nacht für Mike

Nachdem Leo und Gigi in der Klinik eingetroffen waren, fuhr Doktor Taylor Teddy und seine beiden Freunde sowie Erin, Olivia und Jill in die Stadt zurück. Gleich darauf kehrte er zum Tier-Treff zurück, um die beiden neuen Patienten zu untersuchen.

Mike Strickler, der sonntags und montags die Tiere in der Klinik betreute, war begeistert von seiner neuen Aufgabe. „Wir haben noch nie einen Löwen und einen Affen hier gehabt", meinte er, und seine Augen leuchteten vor Eifer. „Ich weiß nicht einmal, wie man mit solchen Tieren umgeht. Lange bevor du auf der Welt warst, Linda, kam in unsere Stadt ein Drehorgelspieler mit einem lustig gekleideten Äffchen. Es war ein unglaublich kluges Tier. Sobald der Mann zu Ende gespielt hatte, ging es mit einem Blechnapf zu den umstehenden Leuten, damit sie Geld hineinwarfen . . ."

„Es ist, wie ich vermutet habe", unterbrach der Tierarzt Mikes Redeschwall. „Das Äffchen hat eine Infektion der Atemwege und ist stark unterernährt. Antibiotika und die richtige Ernährung werden es aber wieder auf die Beine bringen. Ich gebe ihm jetzt eine Spritze, und wenn Herr Zefferelli Gigi morgen wieder abholt, werde ich ihm alle nötigen Anweisungen geben."

Gigi hatte sich während der Untersuchung recht ruhig verhalten und sah nun Linda mit großen Augen an und streckte ihr ihre mageren Ärmchen entgegen.

Linda nahm das Äffchen auf den Arm und drückte es liebevoll an die Brust. „Keine Sorge, Gigi, du bist bald wieder gesund", sagte sie. „Du bleibst über Nacht bei uns, und dann darfst du wieder zurück zu deinen Freunden..." Ihre Stimme begann zu zittern, als sie an das stinkende, trostlose Tierzelt dachte.

„Gib sie mir mal, Linda", sagte Mike. „Ich habe einen schönen Käfig für sie, er steht neben dem von Herrn Mummas Kater. Ich weiß nicht, ob sich Affen und Katzen miteinander verständigen können, aber ich bin sicher, sie werden es bald lernen."

„Und was ist mit Leo?" wollte Toby wissen. „Untersuchen Sie ihn auch jetzt, Doktor?"

„Selbstverständlich", erwiderte der Tierarzt und warf einen Blick auf das Löwenbaby, das auf einem Metalltisch lag. „Sobald hier saubergemacht wird, will ich mir Leo ansehen. Ich möchte auch ein paar Blutproben machen."

Während sich Doktor Taylor die Hände wusch, streichelte Linda das zerzauste Fell des Löwenbabys. Leo öffnete dabei ein Auge, schloß es aber sogleich wieder.

Der Löwe, heißt es, ist der König der Tiere, dachte Linda. Aber dieses Löwenkind hier kann man nicht einmal mit dem ärmsten Prinzen vergleichen. In den zahlreichen Filmen über die Tierwelt Afrikas werden die Löwen als stolze, majestätische Tiere dargestellt. Sie strahlen Kraft und Gesundheit aus. Und die Löwenbabys, die sie in den Zoos gesehen hatte, waren auch immer muntere, gesunde Tiere gewesen. Armer, kleiner Leo! Wenn ihr Vater nicht herausfand, was ihm fehlte, würde er wohl nie König der Tiere werden...

„Halt ihn fest, für den Fall, daß er sich wehren sollte", sagte Doktor Taylor zu Toby.

Der Junge befolgte den Rat, obwohl der Kampfgeist des kleinen Löwen längst erloschen war.

Der Tierarzt untersuchte Leo sorgfältig von Kopf bis Fuß. Er schaute in sein Maul, in die Ohren und tastete vorsichtig seinen Bauch ab, wobei Leo ein leises Knurren von sich gab. Dann hörte er Lunge und Herz ab. Abschließend nahm er ihm Blut ab und meinte: „Auch ohne das Ergebnis der Blutuntersuchung zu kennen, möchte ich behaupten, daß er sich von dem verdorbenen Fleisch in seinem Futternapf eine Infektion geholt hat. Außerdem ist er genauso unterernährt wie Gigi. Zum Glück hat er von diesem schlechten Fleisch nicht mehr gegessen, sonst wäre er nicht mehr am Leben."

„Aber er wird doch wieder gesund, nicht wahr, Paps?" fragte Linda kleinlaut. „Oder meinst du, daß er womöglich stirbt?"

„Er wird sicher wieder gesund, wenn wir Herrn Zefferelli dazu überreden können, Leos Behandlung fortzusetzen und ihn vor allem richtig zu ernähren", sagte der Tierarzt. „Ich gebe ihm jetzt eine Vitaminspritze, Antibiotika gegen die Infektion, und dann muß er einen strengen Diätplan einhalten."

„Teddy hat recht", sagte Linda nachdenklich. „Wir sollten den Tierschutzverein verständigen. Paps, du als

Mitglied müßtest doch erreichen, daß jemand kommt und sich die Tiere in dem Zelt ansieht."

„Linda, glaube mir, es ist nahezu unmöglich, zu kontrollieren, ob Herr Zefferelli die Vorschriften, die man ihm auferlegt, einhält", erwiderte ihr Vater.

„Aber die Tiere sind noch einen Tag in der Stadt", mischte sich nun Toby ein. „Könnten Sie nicht die Polizei vorbeischicken?"

„Okay, ich werde Inspektor Weigel anrufen, sobald ich hier fertig bin", versprach der Tierarzt. „Aber der Tierschutzverein in unserer Stadt ist nicht sehr mächtig, weil es die meisten Menschen vorziehen, vor dem Leid der Tiere die Augen zu verschließen."

„Ich kann ein solches Verhalten einfach nicht verstehen", sagte Mike empört. „In meinen Augen haben Tiere die gleichen Rechte wie Menschen. Aber weil sie hilflos sind, wird ihnen auch nicht geholfen. Wenn Leo ein Mensch wäre, dann würde sich sicher irgendeine Behörde für ihn einsetzen."

„Mike, Sie haben völlig recht", sagte der Tierarzt. „Jedes Leben ist wertvoll und muß geschützt werden. Wenn ich nicht davon überzeugt wäre, könnte ich meinen Beruf an den Nagel hängen."

Leo zappelte schwach in Tobys Armen, als ihm der Tierarzt eine Spritze verabreichte. Doch dann verhielt er sich wieder ruhig.

„Wenn Herr Zefferelli Gigi und Leo morgen wieder abholt, werde ich ihm genügend Medikamente und Futter für mindestens eine Woche mitgeben", sagte der Tierarzt. „Das Rezept kann er erneuern lassen, wo immer er sich gerade aufhält."

„Vorausgesetzt, er hält alles ein, was du ihm vorschreibst", warf Linda ein.

„Ja, falls er das tut", sagte Doktor Taylor mit einem tiefen Seufzer. „Ich jedenfalls habe alles getan, was in meiner Macht stand. Toby, bitte bring die beiden jetzt auf die Intensivstation."

Der Junge trug das etwas benommene Löwenbaby in den Raum, in dem die schwerkranken Tiere untergebracht waren. Mike hatte für Leo in einem geräumigen Käfig ein weiches Lager zurechtgemacht. Wie alle Käfige im Tier-Treff blitzte auch dieser vor Sauberkeit. Das Kissen, das

Linda stand neben Leos Käfig und redete dem Löwenbaby gut zu

Mike in den Käfig gelegt hatte, war mit duftendem Heu gefüllt.

Toby legte Leo behutsam in den Käfig, und Linda streckte die Hand durch die Käfigtür, um das Löwenbaby zu streicheln und unter dem Kinn zu kraulen, wie sie es bei ihrem Kater Cleveland immer tat. „Du wirst ein König sein, wenn du erwachsen bist", sagte sie mit sanfter Stimme. „Es macht also gar nichts, wenn du jetzt noch so schmächtig bist. Bald wirst du gesund sein und zu Kräften kommen, und schneller, als du denkst, wirst du brüllen können. Du wirst wachsen und eine dichte Mähne bekommen und messerscharfe Zähne, und alle werden vor dir erzittern."

Leo blickte zu ihr auf, dann ließ er den Kopf wieder auf die Vorderpfoten sinken. Und gleich darauf fielen ihm die Augen zu.

„Du bist der König der Tiere", fuhr Linda fort. „Vergiß das nicht, Leo. Aber jetzt mußt du schlafen. Und morgen komme ich wieder." Dann ging sie zu Gigis Käfig. Das Äffchen klammerte sich an das Gitter der Käfigtür und schaute Linda traurig an. Diese streckte ihm einen Zeigefinger entgegen, und Gigi griff sogleich mit seinen winzigen Händen danach. Linda hätte gerne gewußt, wie alt das Äffchen war. Sie hatte gelesen, daß solche Affen bis zu dreizehn Jahre alt werden konnten. Obwohl Gigi so mager und mitgenommen aussah, schätzte Linda sie auf vier bis fünf Jahre, also auf weitaus jünger, als sie im Augenblick aussah. „Sei nicht traurig, Gigilein", redete sie auf das Äffchen ein. „Morgen geht es dir schon viel besser, denn Mike wird sich die ganze Nacht um dich kümmern."

Aus dem Käfig, der nebenan stand, drang klägliches

Miauen. Es war Herrn Mummas Kater Whiskers, der sich im Kampf mit einem anderen Kater verletzt hatte und dessen Wunden behandelt werden mußten.

„Entschuldige, Whiskers“, sagte Linda, „ich habe dich nicht vergessen. Willst du deine neue Nachbarin kennenlernen? Sie heißt Gigi und ist ein Äffchen. Ich wette, du hast noch nie eins gesehen.“ Linda öffnete die Tür von Whiskers Käfig und kraulte den Kater unter dem Kinn. Whiskers schloß vor Behagen die Augen und schnurrte laut.

„Ich würde gerne wissen, ob Affen dieselbe Sprache sprechen wie Katzen“, sagte Linda laut vor sich hin. „Wahrscheinlich nicht.“

In diesem Augenblick begann Gigi, die sich vernachlässigt fühlte, laut zu kreischen. Whiskers hörte augenblicklich auf zu schnurren. Er machte einen Buckel und sträubte sein Fell, wodurch er plötzlich viel größer aussah, als er in Wirklichkeit war. Fauchend schaute er zu Gigi hinüber.

„Beruhige dich, Whiskers“, versuchte Linda den Kater zu beschwichtigen. „Und du, Gigi, du bist sofort still. Es wäre doch schön, wenn ihr beide Freunde werden könntet, meint ihr nicht? Aber wenn das zuviel verlangt ist, solltet ihr wenigstens versuchen, miteinander auszukommen. Gigi verläßt uns ohnehin schon morgen.“ Sie seufzte bei diesem Gedanken, denn schließlich mußte das Äffchen zurück in das stinkende Zelt. Nein, das war kein Zuhause für ein Tier und schon gar nicht für ein krankes, dachte sie. „Gute Nacht, Whiskers“, flüsterte sie und schloß die Tür des Katzenkäfigs. „Schlaf gut, Gigi!“ Linda wußte, daß sie selbst kaum ein Auge zutun würde, weil sie sich um Gigi und Leo Sorgen machte. Wie würde es ihnen wohl ergehen, wenn sie nicht mehr im Tier-Treff waren? fragte sie sich.

Als sie wieder das Behandlungszimmer betrat, hörte sie, wie Toby und ihr Vater sich unterhielten.

„Doktor, wollen Sie wirklich Leo und Gigi schon morgen Herrn Zefferelli zurückgeben?" fragte Toby.

„Ich fürchte, es bleibt mir nichts anderes übrig", erwiderte Lindas Vater und säuberte die Instrumente. „Die Tiere gehören schließlich ihm, und wir haben kein Recht, sie zu behalten."

„Ich wette, man wird ihnen nicht einmal die verordneten Medikamente geben", sagte Linda. „Von der Diät ganz zu schweigen! Leuten wie Herrn Zefferelli ist das Wohlergehen der Tiere völlig egal. Sie haben nur eines im Kopf: soviel Geld wie möglich mit ihnen zu verdienen. Denkt doch nur an die unverschämten Eintrittspreise für diesen jämmerlichen Zoo!"

Toby zückte sofort seine Geldbörse, um dem Tierarzt das Eintrittsgeld zurückzugeben. „Ich möchte nicht, daß Sie auch noch für mich bezahlen. Meinen Sie nicht, wir sollten zu Herrn Zefferelli gehen und das Eintrittsgeld zurückverlangen? Wir könnten uns auch vor dem Zelt aufstellen und den Leuten abraten hineinzugehen", sagte er aufgeregt. „Und wenn niemand mehr käme, um die Tiere anzusehen, und die Kasse leer bleibt, vielleicht würde der dann..."

„... die Polizei verständigen, ja, genau das würde er tun", unterbrach Mike den Jungen. „Und wenn ihm seine Tiere kein Geld mehr einbrächten, würde er sicherlich Hundefutter aus ihnen machen lassen."

„O Mike, hören Sie auf damit!“ sagte Linda entsetzt.

„Unternehmt ja nichts in dieser Richtung“, warnte sie der Tierarzt. „Ihr würdet nichts erreichen.“ Er gab Toby das Eintrittsgeld zurück und meinte: „Behalte dein Geld, Toby. Du kannst mir glauben, diese paar Eintrittskarten ruinieren mich nicht.“ Dann wandte er sich an Mike: „Kümmern Sie sich bitte um Leo und Gigi. Sie bekommen alle vier Stunden ein Antibiotikum – ich habe alles schriftlich festgehalten. Und achten Sie darauf, daß sie pünktlich ihre Medizin erhalten.“

„Das brauchen Sie mir wirklich nicht zu sagen, Doktor“, sagte Mike beleidigt. „Ich betreue nun schon so viele Jahre die Tiere hier und habe noch nie etwas vergessen. Oder?“

Der Tierarzt schüttelte den Kopf und lachte.

„Ich bin zwar nicht mehr der Jüngste, aber ich habe noch alle Sinne beisammen“, fuhr Mike fort.

„Mike, das wissen wir“, versuchte Linda ihn zu besänftigen. „Sie sind Goldes wert. Was täten wir ohne Sie!“

„Sie meinen wohl, ich wüßte nicht mit den beiden neuen Patienten umzugehen, nur weil es keine Schafe, Kühe oder Katzen sind. Ich freue mich schon darauf, mit dem Äffchen ein Pläuschchen zu halten. Sicher hat es eine Menge zu erzählen“, sagte er und zwinkerte Linda zu. „Ich habe mich noch nie mit einem Affen unterhalten.“

Linda mußte lachen. „Mike, Sie sind ein noch größerer Tiernarr, als ich es bin. Ich rede ja auch mit den Tieren, aber sie antworten mir nicht.“

„Das meinst du nur, weil du nicht richtig hinhörst“, sagte Mike verschmitzt.

„O doch, ich höre genau hin“, sagte Linda. „Und manchmal, wenn ich mit Ghost rede, dann habe ich auch den Eindruck, daß er jedes Wort versteht, und ich verstehe auch, was er sagt. Auch mit Cleveland unterhalte ich mich oft." Lindas rotweißer Kater hatte immer eine Menge zu erzählen. Meistens beklagte er sich über die Hunde oder darüber, daß sein Futternapf schon wieder leer war.

„Ja, hör genau zu, was dir dein Pferd erzählt", sagte Mike. „Ghost ist ein kluges Tier und liebt dich sehr."

„Ich liebe ihn genauso", sagte Linda. Dann schaute sie ihren Vater an und fragte: „Paps, hast du was dagegen, wenn ich für ein paar Minuten zu Ghost gehe? Im Kühlschrank ist noch ein Apfel, den ich ihm gern bringen würde."

„Geh nur, Linda", erwiderte ihr Vater und wandte sich dann an Toby. „Sollen wir dich auf dem Nachhauseweg mitnehmen?"

„Gerne, wenn es Ihnen keine Umstände macht", erwiderte der Junge. „Ich räume nur noch das Wartezimmer auf."

Linda nahm den Apfel aus dem Kühlschrank und lief zu Ghost. Der Wallach begrüßte sie mit freudigem Wiehern und streckte den Kopf über die Boxentür. Linda brach den Apfel in zwei Hälften, und Ghost nahm zuerst die eine Hälfte von ihrer Handfläche und dann die andere.

„Wir haben zwei neue Patienten bekommen", erzählte sie dem Pferd, während sie es zwischen den Ohren kraulte. „Ein Äffchen und ein Löwenbaby. Ist das nicht komisch? Sie sind vom Rummelplatz. Beiden geht es ziemlich schlecht, weil sich bislang niemand um sie gekümmert hat. Und morgen müssen sie wieder in das Zelt zurück. Ich mache mir große Sorgen um sie, denn Herr Zefferelli wird ihnen sicher nicht die Medikamente, die ihnen Paps verschrieben hat, geben. Aber Paps meint, wir haben kein Recht, sie hierzubehalten, weil sie uns nicht gehören."

Ghost nickte und berührte Lindas Schulter mit seinen Nüstern.

„Du hast recht, wir können nichts dagegen tun", sagte Linda. „O Ghost, wenn wir doch die beiden hierbehalten könnten, bis sie ganz gesund sind! Aber wenn sie wieder in dem schmutzigen Zelt sein müssen, werden sie nicht mehr lange leben."

„Linda, wir fahren!" rief ihr Vater zur Stalltür herein.

„Ich komme sofort", sagte Linda und gab dem Pferd zum Abschied einen liebevollen Klaps. „Morgen nach der Schule komme ich wieder, Ghost. Und dann reiten wir aus. Also bis dann! Sie legte die Arme um den Hals des Wallachs und drückte ihre Wange an sein seidiges Fell. „Morgen bekommst du Karotten", versprach sie ihm.

Das Pferd wieherte leise. Es verstand wirklich, was man ihm sagte, davon war Linda felsenfest überzeugt.

Eine böse Überraschung

Gleich nach ihrer Ankunft zu Hause rief Doktor Taylor Inspektor Weigel an und bat ihn, sich Herrn Zefferellis Zoo anzusehen. Linda wartete gespannt auf die Antwort des Inspektors. Aber den abschließenden Worten ihres Vaters konnte sie entnehmen, daß es ein Problem gab.

„Was hat er denn gesagt?" fragte sie ihn, kaum daß er den Hörer aufgelegt hatte. „Unternimmt er etwas?"

„Nein", antwortete der Tierarzt und rieb sich nachdenk-

4 9705-8

lich den graumelierten Bart, was er immer tat, wenn er ratlos war. „Er sagt, er ist dafür nicht zuständig. Das ist Sache des Tierschutzvereins."

„Wie ärgerlich", meinte Linda enttäuscht. „Was tun wir jetzt?"

„Ich rufe beim Tierschutzverein an und frage, ob morgen jemand mit mir die Tiere ansehen kommt. Wir werden dann mit Herrn Zefferelli reden und versuchen ihm klarzumachen, daß er besser für seine Tiere sorgen muß, ansonsten würde Anzeige gegen ihn erstattet. Vielleicht nützt das etwas."

„Vielleicht", sagte Linda mit einem tiefen Seufzer. „Ich glaube nicht, daß Zefferelli ein schlechter Mensch ist. Er hat nur noch nicht eingesehen, daß Tiere keine Gegenstände sind, daß sie ein Recht auf angemessene Lebensbedingungen haben."

„Leider denken viele Menschen wie er", meinte der Tierarzt und seufzte. „Ich entlasse Gigi und Leo höchst ungern, aber wenn morgen Herr Zefferelli oder sein Sohn die beiden abholen kommt, können wir es nicht verhindern. Ich hoffe nur, daß sie in Zukunft besser betreut werden."

„Ich glaube, Herr Zefferelli ist kein guter Mensch", mischte sich nun Teddy in das Gespräch ein. Er hatte die ganze Zeit schweigend vor dem Fernsehapparat gesessen und sich eine Aufzeichnung des Footballspieles vom Vortag angesehen. „Wenn er ein guter Mensch wäre, würde er seine Tiere nicht in so schmutzigen und stinkenden Käfigen halten. Mir wurde richtig schlecht, als ich davor stand. Und Billy und Eric ging es nicht anders. Draußen vor dem Zelt konnte ich kaum meine Brezel aufessen..."

„Aber schließlich hast du es doch geschafft“, sagte Linda und zwinkerte ihrem kleinen Bruder spitzbübisch zu.

„Ja, aber nur mit Mühe. Und Billy und Eric mußten mir dabei helfen.“ Dann zog er schnuppernd die Nase hoch und fragte: „Übrigens, was gibt es heute zum Abendessen? Ich habe einen Bärenhunger.“

Während Doktor Taylor die Nummer des Tierschutzvereines wählte, nahm Linda ihren Kater Cleveland auf den Arm, der schon die ganze Zeit um ihre Beine herumgeschlichen war, um auf sich aufmerksam zu machen. „Du bist hungrig, nicht wahr?“ sagte sie, und Cleveland antwortete mit lautem Schnurren. „Ist schon gut, ich habe verstanden“, meinte Linda. „Dein Futternapf ist leer, stimmt's?“

Der Kater schnurrte wieder, und Linda legte ihn sich um die Schultern und ging in die Küche. Die beiden Hunde Sunshine und Jocko liefen ihr sogleich nach, denn sie wußten, wenn Cleveland gefüttert wurde, gingen auch sie nicht leer aus. Ein Plätzchen oder ein paar Stückchen Fleisch fielen dabei immer für sie ab.

Linda dachte an Gigi und Leo, die beide krank und abgemagert in ihren Käfigen im Tier-Treff saßen. Aber Mike kümmerte sich rührend um sie, redete mit ihnen, so daß sie sich nicht verlassen fühlten. Aber wie würde es ihnen wohl ergehen, wenn sie wieder im Zoo waren? Wer würde sich dann um sie kümmern?

„Sie sind abgereist.“

Linda, die soeben im Tier-Treff angekommen war, schaute ihren Vater entgeistert an. „Wer ist abgereist?“ fragte sie.

„Zefferelli und seine Tiere. Ich fuhr heute morgen mit Herrn Haines und Frau Flood vom Tierschutzverein zum Rummelplatz, und siehe da, er war leer. Keine Menschenseele war zu sehen. Das einzige, was an den Jahrmarkt erinnerte, war ein riesiger Abfallhaufen."

„Auch das Riesenrad und die Achterbahn sind weg?" fragte Linda ungläubig.

„Ja, alles", erwiderte ihr Vater. „Sie müssen bei Nacht und Nebel aufgebrochen sein."

Linda war fassungslos. „Aber das geht doch gar nicht! Auf den Plakaten steht, daß sie noch heute abend da sind!"

„Es ist aber so, Linda. Und niemand weiß, wohin sie gezogen sind", sagte ihr Vater.

„Und sie haben Leo und Gigi nicht mitgenommen", sagte Toby.

„O Gott!" rief Linda. „Was sollen wir bloß tun? Wir müssen sie finden. Sie können doch nicht vom Erdboden verschwunden sein!"

„Doch, wie du siehst, sind sie es", sagte ihr Vater.

„Jetzt aber haben sie wirklich gesetzeswidrig gehandelt, Doktor", meinte Toby aufgeregt. „Sie sind abgehauen, ohne Sie für Ihre Behandlung zu bezahlen. Jetzt kann Inspektor Weigel eingreifen!"

„Ich habe bereits mit ihm darüber gesprochen", erzählte der Tierarzt. „Er meinte, da Herr Zefferelli die beiden Tiere hiergelassen hat, könnte ich ihn nicht belangen."

„Das ist ja unglaublich!" entrüstete sich Linda. „Das ist das Verrückteste, das mir je untergekommen ist."

„Leo und Gigi werden als Wertgegenstände betrachtet, die verkauft werden können, und somit ist Herrn Zefferellis Schuld beglichen", erklärte ihnen Doktor Taylor.

„Wertgegenstände! Daß ich nicht lache!“ sagte Linda. „Ein bis auf die Knochen abgemagertes, krankes Löwenbaby, das sich kaum auf den Beinen halten kann, und ein halbverhungertes Äffchen mit einer schweren Erkältung? Die kauft doch kein Mensch. Da mußt eher du was bezahlen, daß sie dir jemand abnimmt.“

„Das ist mir völlig klar“, sagte der Tierarzt. „Aber das Gesetz nimmt nun mal darauf keine Rücksicht, und Inspektor Weigel vertritt das Gesetz in unserem Staat. Er wird nicht nach Zefferelli fahnden, weil er nicht gegen die Gesetze verstoßen hat.“

„So was Absurdes!“ empörte sich Toby. „Linda hat recht, das ist total verrückt.“

„Über eines bin ich aber froh“, sagte Linda. „Wenigstens brauche ich mir keine Sorgen mehr zu machen, wie es Leo und Gigi bei Herrn Zefferelli ergehen wird. Ich habe deswegen heute nacht kaum geschlafen. Ich bin sicher, daß sie in diesem Zelt nicht lange überlebt hätten. Jetzt können wir sie wenigstens gesund pflegen und...“

„Und was weiter?“ unterbrach ihr Vater sie. „Du mußt einsehen, Linda, daß wir sie auf keinen Fall hierbehalten können. Früher oder später müssen wir sie hergeben. Um ehrlich zu sein, sie stellen jetzt schon ein Problem dar. In der Intensivstation sind nur vier Käfige, davon sind zwei von Gigi und Leo beschlagnahmt. Whiskers ist im dritten, so daß nur noch einer zur Verfügung steht. Außerdem kann jeden Augenblick Frau Wexler mit ihrem Cockerspaniel dasein. Nach all dem, was sie mir am Telefon erzählt hat, scheint er Würmer zu haben. Ich werde einen Käfig für ihn brauchen. Und dann ist da noch Frau Billings Kater. Sie war letzte Woche mit ihm hier. Erinnerst du dich?“

Linda nickte.

„Frisky spricht nicht auf die Behandlung an, die ich verschrieben habe. Ich muß ihn ein paar Tage hierbehalten und weitere Untersuchungen machen. Auch er braucht einen Käfig. Wie du siehst, platzen wir aus allen Nähten!"

„Wie geht es Gigi?" wollte Linda wissen.

„Es ging ihr wirklich ganz erbärmlich, aber jetzt hat sich ihr Zustand schon etwas gebessert. Jedenfalls ist sie nicht so schwach auf den Beinen wie Leo. Vielleicht können wir sie woanders unterbringen."

„Das ist nicht möglich. Die Klinik ist besetzt", meldete sich Toby zu Wort.

„Wenn Gigi bereits gesund wäre, könnten wir sie ins Tierheim geben. Aber solange sie krank ist, ist das völlig ausgeschlossen. Sie würde womöglich die anderen Tiere anstecken", meinte Doktor Taylor.

Plötzlich hatte Linda einen Einfall. „Du, Paps, warum nehmen wir Gigi nicht einfach mit zu uns nach Hause? Ich könnte sie in meinem Zimmer einquartieren und sie mit den nötigen Medikamenten versorgen und vorschriftsmäßig füttern. Teddy und Erin würden sich sicher riesig darüber freuen, wenn wir ein Äffchen hätten."

„Du hast wohl nicht alle Tassen im Schrank", sagte Toby. „Weißt du noch, was für einen Aufstand Frau Racer gemacht hat, als Teddy das Frettchen nach Hause brachte?"

„Linda, Toby hat recht, das geht auf keinen Fall. Wir können Frau Racer kein zusätzliches Haustier zumuten", meinte Doktor Taylor. „Wir haben zwei Hunde, eine Katze, Teddys Hamster, einen Kanarienvogel, Kaninchen, Küken und eine Ente. Außerdem hat Frau Racer mit dem Haushalt alle Hände voll zu tun."

„Aber sie kümmert sich doch gar nicht um die Tiere", wandte Linda ein. „Und wie ich schon sagte, ich würde Gigi auf mein Zimmer nehmen. Frau Racer würde gar nicht merken, daß ein Äffchen im Haus ist. Das verspreche ich dir. Und sie hat Frank nur deshalb nicht haben wollen, weil sie dachte, er wäre ein Wiesel, und sie kann nun mal Wiesel nicht ausstehen."

„Erinnerst du dich, wie verärgert sie war, als sich Frank über ihre Plätzchen hermachte?" meinte der Tierarzt. „Teddy hatte hoch und heilig versprochen, Frank in seinem Zimmer einzusperren, und trotzdem klappte es nicht."

In diesem Augenblick schaute die Sprechstundenhilfe zur Tür herein und sagte: „Herr Doktor, Frau Wexler ist mit Frederick hier. Dem Hund scheint es ziemlich schlecht zu gehen. Können Sie ihn sich ansehen?"

„Ja, Pat, ich komme sofort", sagte Doktor Taylor.

„Es warten noch andere Patienten auf Sie. Haben Sie noch für alle Zeit, oder soll ich sie morgen wieder kommen lassen?" erkundigte sich die Sprechstundenhilfe.

„Nein, es geht schon, ich sehe sie mir noch alle an", erwiderte der Tierarzt und wandte sich dann an Linda und Toby: „Linda, bitte bring Frederick herein. Ich will ihn sofort untersuchen. Und du, Toby, du könntest inzwischen mit dem Rad zu Herrn Paxton fahren und ihm die Medizin für sein krankes Schaf bringen."

„Und was geschieht mit Gigi?" wollte Linda wissen.

„Laß uns später darüber reden!" meinte ihr Vater. „Im Augenblick gibt es hier Wichtigeres zu tun."

„Nun gut", sagte Linda mit einem tiefen Seufzer. Vielleicht gelingt es mir doch noch, ihn umzustimmen, dachte sie und ging ins Wartezimmer.

Es war bereits sechs Uhr abends, als Doktor Taylor den letzten Patienten, einen großen Papagei namens Crackers, behandelte. Er war an Papageienfieber erkrankt und mußte stationär behandelt werden.

„Vielleicht könnten wir Whiskers in eine Kiste geben und sie mit Maschendraht verschließen", schlug Toby vor. „Dann könnte der Kater Frisky Whiskers Käfig bekommen, und für den Cockerspaniel wäre ein Käfig frei."

„Wir brauchen aber noch einen Käfig, denn wir können Crackers unmöglich frei herumfliegen lassen", meinte der Tierarzt.

„Wenn wir Gigi mit nach Hause nehmen würden, könnte der Papagei ihren Käfig haben", schlug Linda vor. „Ich würde ihn gründlich reinigen und desinfizieren."

Der Tierarzt seufzte und meinte schließlich: „Ich gebe mich geschlagen. Einverstanden, du kannst Gigi mit nach Hause nehmen."

„Toby, kannst du vielleicht Gigis Käfig in einen Vogelbauer umfunktionieren?" erkundigte sich Doktor Taylor. „Wir haben so selten Vögel auf der Intensivstation, daß wir nicht für sie eingerichtet sind."

„Hurra!" rief Linda. „Ich kann es kaum erwarten, Erins und Teddys Gesichter zu sehen, wenn ich mit Gigi nach Hause komme."

„Und ich bin auf das von Frau Racer gespannt", brummte der Tierarzt vor sich hin. „Wir müssen Frau Racer sofort sagen, daß Gigi nur vorübergehend bei uns ist. Und solange wir nicht wissen, ob ihre Krankheit ansteckend ist, darf sie auf keinen Fall mit den anderen Tieren im Haus in Berührung kommen." Er begann das Waschbecken zu säubern und fuhr fort: „Mike wird jeden Augenblick hier sein. Ich werde ihm dann erklären, was er alles zu tun hat. Linda, vergiß nicht, Gigis Medikamente und die Flüssignahrung aus dem Kühlschrank zu nehmen, wenn du den Käfig saubergemacht hast."

„Mach ich, Paps", versprach sie und ging in die Intensivstation.

Gigi kauerte in einer Ecke des Käfigs und starrte traurig vor sich hin. Als sie Linda erblickte, gab sie einen seufzerähnlichen Laut von sich.

„Stell dir vor, Gigi, du darfst mit mir nach Hause kommen", sagte Linda. „Es wird dir sicher bei uns gefallen. Wir haben zwar keinen Affen, der dir Gesellschaft leisten könnte, aber sobald es dir besser geht, stelle ich dir Jocko und Sunshine – das sind unsere Hunde – und meinen Kater Cleveland vor. Ich bin sicher, ihr werdet euch gut verstehen, und du wirst bald gesund sein."

Leo knurrte leise in seinem Käfig, und Linda ging sogleich zu ihm. „War das der erste Brüllversuch?" fragte sie ihn. „Oder war das ein Schnurren? Schnurren Löwen eigentlich? Ich frage mich, was Cleveland zu dir sagen würde. Wie schön wäre es, wenn auch du mit uns nach Hause kommen könntest! Aber das ist leider nicht möglich. Es war schon schwierig genug, zu erreichen, daß Gigi mitkommen darf."

Das Löwenbaby knurrte abermals, dann drehte es sich auf die Seite und schlief sofort wieder ein.

Linda hob vorsichtig das Äffchen aus dem Käfig, wikkelte es in ein flauschiges Handtuch und setzte es auf einen

Stuhl. Dann begann sie den Käfig zu säubern.

Nachdem Toby in Crackers Käfig einen kleinen Ast gestellt hatte, brachte der Tierarzt den Papagei herein. Crackers war ein prächtiger, rot und grün gefiederter Vogel, aber Linda sah trotzdem sofort, daß er sich nicht wohl fühlte. Sie hoffte, daß sein Besitzer ihn noch rechtzeitig in die Klinik gebracht hatte, denn Papageienfieber konnte mitunter tödlich sein.

„Hast du schon einmal einen so großen Papagei gesehen?" sagte Mike zu Linda und betrachtete neugierig den schönen Exoten. „Unfaßbar! Jetzt haben wir hier einen Papagei, einen Löwen und ein Äffchen. Bald können wir einen Zirkus aufmachen!" fuhr er fort. Dann wandte er sich an Crackers: „Hallo, mein Freund!"

Der Papagei legte den Kopf schief, und sein schwarzes Auge war auf Mike gerichtet. „Hau ab! Hau ab!" krächzte er.

„He, was soll denn das?" sagte Mike. „Du bist ja nicht gerade freundlich. Kannst du nicht auch was Nettes sagen?"

Linda und Toby schüttelten sich vor Lachen, als Crakkers wiederholte: „Hau ab! Hau ab!"

Mike kam nun ganz nahe an den Käfig heran, so daß er dem Papagei direkt in die Augen sehen konnte. „Ich weiß, du bist krank, und wahrscheinlich bist du daher etwas gereizt. Aber deshalb lasse ich mich von dir noch lange nicht beleidigen, geschweige denn vertreiben. Du tust also gut daran, dich mit mir anzufreunden", sagte er.

„So ein Quatsch!" sagte der Papagei und schloß die Augen.

„Das wird ja ein richtig interessanter Abend werden",

sagte Mike mit einem breiten Grinsen zu Linda und Toby. „Keine Sorge, bis morgen früh sind Crackers und ich dicke Freunde. Wollen wir wetten?“

Als Linda das Äffchen, das die ganze Zeit friedlich auf dem Stuhl gesessen hatte, auf den Arm nahm, lachte sie noch immer. „Gute Nacht, Mike“, sagte sie. „Und viel Glück!“ Sie ging ins Behandlungszimmer und nahm die Medizin und die Flüssignahrung für Gigi aus dem Kühlschrank.

Ihr Vater wartete bereits vor dem Haus auf sie.

„Du wirst auch Glück brauchen“, rief Toby ihr nach, während er sich auf sein Fahrrad schwang. „Ich fürchte, Frau Racers Wutausbruch wird bis zu uns herüber zu hören sein!“

„Mal den Teufel nicht an die Wand!“ rief Linda zurück und stieg mit Gigi auf dem Arm ins Auto ihres Vaters. „Warum sollte sie etwas gegen ein so nettes Äffchen haben?“

Der Tierarzt zog eine Augenbraue hoch und meinte: „Wenn du dich nur nicht irrst!“

Linda winkte Toby durch das Autofenster zu. Dann fuhren sie die Birkenallee entlang. Insgeheim fürchtete sie, Toby könnte recht behalten. Sie hatte Frau Racer gern wie alle in der Familie, und sie wollte sie auf keinen Fall verärgern. Die Haushälterin hatte schon mehr als genug zu tun, und vielleicht würde Gigi das Faß zum Überlaufen bringen.

Eine neue Aufgabe für Frau Racer

„Was hast du da, Linda? Ein Baby?" fragte Erin neugierig, als ihre Schwester mit einem Bündel im Arm das Haus betrat.

Linda hatte Gigi bis zu den Augen in das Handtuch eingewickelt.

„Ein Baby? Hat jemand ein Baby in den Tier-Treff gebracht?" rief Teddy und kam sofort angerannt.

„Wer hat ein Baby? Doktor, Sie werden doch kein Kind adoptiert haben!" Frau Racer kam aus der Küche geschossen und trocknete sich die noch nassen Hände an ihrer Schürze.

„Aber nein!" sagte der Tierarzt lachend. „Ich bitte um einen Augenblick Ruhe, damit ich alles erklären kann. Aber Linda kann das eigentlich besser. Es war schließlich ihre Idee."

„Was ist es? Sag schon, was du da hast!" drängte Erin und stellte sich auf die Zehenspitzen, um besser sehen zu können.

Vorsichtig zog Linda das Handtuch von Gigis Kopf.

„Ein Affe! Ja, es ist der Affe aus dem Zefferelli-Zoo", sagte Teddy erstaunt. „Aber warum ist er hier? Ich habe gedacht, sie wollten ihn heute abholen?"

„Ja, das war auch abgemacht, aber sie sind abgereist. Sie haben Gigi und Leo im Tier-Treff zurückgelassen", erzählte der Tierarzt. „Da aber alle Käfige im Augenblick besetzt sind, habe ich Linda erlaubt, Gigi für ein paar

Toby war ganz überrascht, als Linda mit dem kleinen Bündel auf ihrem Arm ankam

Tage, bis sie wieder gesund ist, hierherzubringen." Sein Blick fiel auf die Haushälterin. „Keine Sorge, Frau Racer, Gigi ist problemlos. Sie ist krank und wird die ganze Zeit in Lindas Zimmer bleiben. Sie werden nicht einmal merken, daß sie im Haus ist."

„Sie bleibt auch nicht lange", fügte Linda rasch hinzu. „Sobald sie gesund ist und wir ein neues Zuhause für sie gefunden haben, verläßt sie uns wieder." Sie hielt einen Augenblick inne und wartete gespannt darauf, was Frau Racer nun sagen würde. Damals, als Teddy das Frettchen nach Hause gebracht hatte, war die Haushälterin außer sich vor Entsetzen gewesen.

Aber jetzt ging Frau Racer neugierig auf Linda zu und beugte sich über Gigis runzeliges Gesichtchen. Dann legte sie eine Hand auf den Körper des Äffchens, und Gigi umklammerte mit seiner winzigen Hand den Zeigefinger der Haushälterin. Über Frau Racers Gesicht huschte ein Lächeln. „Es erinnert mich ganz stark an meinen Enkelsohn Johnny, als er geboren wurde. Johnny ist Henrys ältester Sohn. Er war so winzig und runzelig, daß ihn jeder mit einem Äffchen verglich", sagte sie schmunzelnd. „Heute ist er dreiundzwanzig Jahre alt und ein stattlicher junger Mann. Aber als er ein Baby war . . ."

Linda und ihr Vater sahen sich erleichtert an.

„Dann haben Sie also nichts dagegen, daß Gigi eine Weile bei uns bleibt?" fragte Linda hoffnungsvoll.

„Warum sollte ich etwas dagegen haben?" entgegnete Frau Racer. „Das arme Kerlchen ist schließlich krank. Wie kannst du nur annehmen, daß ich etwas dagegen hätte?"

„Weil Sie auch Frank nicht haben wollten", platzte Teddy heraus.

„Das ist etwas ganz anderes. Ich kann Wiesel nun mal nicht ausstehen", meinte die Haushälterin. „Aber Affen mag ich – zumindest diesen hier. Er ist wirklich ein liebes Kerlchen."

„Dann ist ja alles in Ordnung", meinte der Tierarzt und lächelte erleichtert. „Linda, bitte nimm Gigi jetzt mit rauf auf dein Zimmer. Teddy und Erin, ihr beide könnt inzwischen für Gigi ein Bettchen herrichten."

„Ich habe im Keller einen Karton, da könnten wir Gigi hineinlegen", schlug Teddy vor. „Ich hole ihn gleich."

„Und auf den Boden legen wir eine kleine Decke, damit sie auch weich liegt", sagte Erin eifrig.

Teddy stürmte die Kellertreppe hinunter, und Erin und Linda gingen nach oben, um eine Decke zu holen.

„Da haben wir aber Glück gehabt, wir beide", flüsterte Linda Gigi ins Ohr. „Herzlich willkommen bei den Taylors!"

„Ein Affe? Was, ihr habt einen Affen zu Hause?" fragte Sarah Jones Linda am nächsten Morgen in der Schule. „Du bist wirklich zu beneiden. Ich darf nicht einmal eine Katze halten. Weil Katzen Krankheitserreger haben können . . ."

„Dann wäre Gigi in den Augen deiner Eltern eine echte Gefahr", sagte Linda. „Sie hat eine schwere Erkältung. Wir konnten sie aber nicht im Tier-Treff behalten, weil dort kein Platz mehr frei ist."

„Also, ich werde dich nie verstehen, Linda", sagte Susan Bascombe und rümpfte die Nase. „Einmal kaufst du ein altes, halbblindes Pferd, und jetzt nimmst du einen kranken Affen aus diesem stinkenden Wanderzoo mit nach Hause! Igitt, wie eklig!"

Linda biß die Zähne zusammen. Es gab nur einen Menschen, der Linda wirklich verhaßt war, und das war Susan Bascombe. Ihre Abneigung beruhte auf Gegenseitigkeit. Susan hatte Linda nie verziehen, daß sie ihretwegen mit ihren Eltern Schwierigkeiten bekommen hatte, auch wenn diese gerechtfertigt gewesen waren. Aber seit jenem Vorfall war ihr Susan noch feindlicher gesinnt als zuvor, und Linda war sich völlig im klaren darüber, daß sich Susan früher oder später dafür rächen würde.

Doch jetzt beherrschte sich Linda und sagte mit gespielter Lässigkeit: „Ich will einmal Tierärztin werden, und deshalb betrachte ich es als meine Pflicht, jedem kranken Tier, das mir begegnet, zu helfen. Außerdem ist Gigi alles andere als eklig. Ich habe Mitleid mit ihr und will, daß sie wieder gesund wird."

Susan verdrehte die Augen. „Ich kriege mich nicht wieder ein!" sagte sie. „Eine Samariterin am Hamilton-Gymnasium!"

„Susan, du bist geschmacklos", wies Jill sie zurecht. „Du meinst, nur weil du nur an dich denkst, müssen alle anderen genauso sein!"

Linda blieb Susan eine Antwort schuldig, denn die Schulglocke läutete, und sie mußten in die Englischstunde.

Englisch war eines von Lindas Lieblingsfächern. Das andere war Biologie. Hier war sie eindeutig Klassenbeste.

„Hört mal zu", sagte der Englischlehrer, nachdem alle Platz genommen hatten. „Der Tierschutzverein von Essex veranstaltet einen Aufsatzwettbewerb an unserer Schule. Das Thema lautet: *Die Verantwortung des Menschen den Tieren gegenüber.* Der Aufsatz darf eine maximale Länge von tausend Wörtern haben, und der Gewinner bekommt einen Preis von fünfzig Dollar. Der letzte Abgabetag ist Freitag in einer Woche. Der beste Aufsatz wird im *Tagesanzeiger* von Essex abgedruckt. Ich bitte euch alle, an dem Wettbewerb teilzunehmen. Hat jemand eine Frage dazu?"

Dave Henderson hob die Hand. „Handgeschrieben oder getippt?"

„Wenn möglich, maschinengeschrieben", sagte Herr Steele. „Aber wer nicht auf der Maschine schreiben kann und niemanden hat, der ihm den Aufsatz tippt, der kann ihn auch mit der Hand schreiben, aber bitte gut leserlich."

Als nächste hob Susan Bascombe die Hand. „Tausend Wörter sind aber sehr viel", beklagte sie sich. „Können es nicht auch nur dreihundert sein?"

Herr Steele schüttelte den Kopf. „Tut mir leid, Susan, aber ich habe nicht die Bedingungen gestellt. Es werden ungefähr tausend Wörter verlangt. Ich bin sicher, daß du die gewünschte Länge schaffst, wenn du einmal mit dem Schreiben begonnen hast." Der Lehrer warf einen Blick zu Linda und fuhr schmunzelnd fort: „Vergiß nicht, Linda Taylor, höchstens tausend Wörter! Da dich dieses Thema besonders interessiert, wirst du womöglich ein ganzes Buch darüber schreiben wollen. Versuche also, dich so kurz wie möglich zu fassen."

Linda lächelte zurück und meinte: „Ich werde es versuchen."

Dann hatten noch ein paar andere Schüler einige Fragen, aber Linda hörte nicht mehr zu. Sie überlegte bereits fieberhaft, was sie mit den fünfzig Dollar kaufen sollte, wenn sie den ersten Preis gewann. Bei *Bradford's* hatte sie sehr schöne Zügel für Ghost gesehen, die er dringend brauchte, denn seine waren schon ziemlich alt. Anderer-

5 9705-8

seits sollte sie für Ghosts Augenoperation sparen. Wenn der graue Star nicht operiert würde, würde Ghost völlig erblinden. Ihr Vater hatte in Philadelphia einen Kollegen, der auf Augenoperationen spezialisiert war. Doch so ein Eingriff war sehr teuer. Aber ihr Vater hatte ihr versprochen, für die Hälfte der Operationskosten aufzukommen. Jede Woche legte Linda einen Teil des Geldes, das sie im Tier-Treff verdiente, auf die Seite, aber ihre Ersparnisse reichten noch lange nicht aus. Die fünfzig Dollar konnte sie daher dringend gebrauchen. Als sie Ghost gekauft hatte, hatte sie ihm damit das Leben gerettet. Jetzt hoffte sie, ihm das Augenlicht retten zu können.

„Wenn ich gewinne, kaufe ich mir ein ganz tolles Kleid, das ich in *Brenda's Boutique* gesehen habe. Es ist hellgrün und paßt genau zu meinen Augen", hörte sie Susan zu ihrem Freund Courtney sagen.

„Du möchtest wohl bei Eric Whiteside Eindruck schinden", meinte Courtney. Eric war Klassensprecher der Achten. Susan schwärmte immer für mindestens zwei Jungen gleichzeitig, und da ihre Freundschaft mit Jeff Willard vor kurzem in die Brüche gegangen war, hatte sie nun ein Auge auf Eric geworfen. Jill nannte sie „mannstoll", und Linda konnte ihr nur recht geben.

„Und ich werde gewinnen", sagte Susan grinsend. „Warte es nur ab."

Lindas Gesicht verdüsterte sich. Obwohl sie Susan nicht ausstehen konnte, mußte sie zugeben, daß Susan sehr gute Aufsätze schrieb. Aber ob ihr etwas zu dem Thema Tierliebe einfiel?

„Ich gehe jede Wette ein, daß du gewinnst", sagte Jill zu Linda.

Linda beschloß, noch am gleichen Abend mit dem Aufsatz zu beginnen. Und es sollte der beste werden, den sie jemals geschrieben hatte. Schon allein wegen Ghost mußte sie den Wettbewerb gewinnen.

Als Linda am Abend vom Tier-Treff nach Hause kam, ging sie als erstes in ihr Zimmer, um nach Gigi zu sehen. Frau Racer hatte von sich aus vorgeschlagen, sich in Lindas Abwesenheit um das kranke Äffchen zu kümmern, und so konnte sie beruhigt von zu Hause wegbleiben. Sie konnte es noch immer nicht fassen, wie rasch Frau Racer Gigi ins Herz geschlossen hatte. Als sie Toby im Tier-Treff erzählte, daß die Haushälterin das Äffchen schon deshalb mochte, weil es sie an ihren Enkelsohn Johnny erinnerte, brach er in schallendes Gelächter aus.

„Den möchte ich sehen!" sagte er. „Vielleicht schwingt er sich wie Tarzan von einem Baum zum anderen?"

„Natürlich nicht, du Dummkopf!" wies ihn Linda zurecht. „Ich kenne ihn und finde, daß er sogar recht gut aussieht. Aber warte", sie zögerte einen Augenblick, ehe sie weitersprach, „als ich ihn das letzte Mal sah, aß er gerade eine Banane!"

Nun kicherten beide, bis Doktor Taylor sie ermahnte.

Linda öffnete leise die Tür zu ihrem Zimmer und schlich auf Zehenspitzen auf den Karton zu, in dem Gigi lag – oder besser gesagt, liegen sollte, denn das Äffchen war verschwunden.

„Gigi!" rief Linda. „Gigi, wo bist du? Wo hast du dich versteckt?" Sie lauschte angestrengt, ob ihr irgendein Geräusch verriet, wo das Äffchen war. Aber es war mucksmäuschenstill um sie herum. Sie begann, nach Gigi zu suchen – unter dem Bett, hinter dem Schreibtisch, in einer halbgeöffneten Schublade und schließlich noch im Kleiderschrank. Sie warf sogar einen Blick in den Papierkorb, aber auch hier steckte Gigi nicht. Allmählich begann sie sich Sorgen zu machen. Vielleicht hatte jemand die Zimmertür geöffnet, und Gigi war entschlüpft und hielt sich nun irgendwo im Haus versteckt? Oder vielleicht war das Äffchen aus dem Fenster geklettert? Linda war sich jedoch ganz sicher, daß sie es vor dem Weggehen geschlossen hatte. Ja, es war auch noch zu, stellte sie erleichtert fest, denn sie hatte schon im Geiste Gigi zitternd auf einem Baum kauern sehen. Dann ging sie hinunter in die Diele und rief: „Gigi, Gigi, wo bist du?"

„Hier, Linda!" ertönte Erins Stimme aus deren Zimmer.

Linda steckte den Kopf zur Tür hinein und sah Erin auf dem Fußboden sitzen. Neben ihr stand ihr Puppenbett. Und darin lag Gigi! Ihre großen Augen sahen schon viel munterer drein als am Morgen.

Der Anblick, der sich Linda bot, war so komisch, daß sie in schallendes Gelächter ausbrach. „Da ist sie ja!" rief sie. „Und ich habe sie überall in meinem Zimmer gesucht und schon befürchtet, sie sei entwischt. Hast du sie hierher gebracht?"

„Reg dich nicht auf, Linda", meinte Erin. „Ich habe nach der Schule Frau Racer geholfen, Gigi zu versorgen, und als sie dann so einsam und verlassen in dem Karton saß, habe ich sie in mein Zimmer genommen und in Elisabeths Bett gelegt. Schau, sie paßt haargenau hinein."

„Ich rege mich ja gar nicht auf", sagte Linda. „Ich habe mir nur ihretwegen Sorgen gemacht." Sie setzte sich nun auch neben das Puppenbett auf den Boden. Gigi krabbelte

Erin hatte Gigi in ihr Puppenbett gesteckt

sofort aus ihrem Bettchen und flüchtete in Lindas Arme. Ihre Erkältung war abgeklungen, und sie sah auch nicht mehr so mager aus. Die richtige Ernährung schien ihr gutzutun.

„Es geht ihr schon viel besser", sagte Erin. „Olivia hat kurz vorbeigeschaut, und ich habe ihr Gigi gezeigt. Olivia ist ruhig und zurückhaltend, und ich wußte, sie würde Gigi nicht erschrecken. Aber als dann Teddy und Billy mit ihr spielen wollten, habe ich es ihnen verboten. Sie hätten Gigi sicher ganz verrückt gemacht."

„Das war sehr vernünftig", lobte Linda die jüngere Schwester. „Übrigens, Leo geht es auch schon viel besser. Paps sagt, er hat eine Darminfektion, was er von Anfang an vermutet hatte. In etwa einer Woche darf er wieder Fleisch fressen. Und sobald er zu Kräften gekommen ist, wird er gebadet. Er stinkt noch immer ganz erbärmlich."

„Gigi stinkt auch", sagte Erin. „Aber ich versuche es zu übergehen. Sie hätte ein Bad auch dringend nötig. Wann dürfen wir sie baden?"

„Nicht, solange sie noch erkältet ist. Außerdem müssen wir vorher Paps fragen", erklärte ihr Linda. Sie warf einen Blick auf ihre Armbanduhr und meinte: „Oh, Gigi muß jetzt ihre Medizin und etwas zu essen bekommen. Komm, wir nehmen sie mit in die Küche. Vielleicht läßt Frau Racer ausnahmsweise mich das Äffchen versorgen..."

Nach dem Abendessen räumte Erin das schmutzige Geschirr in die Spülmaschine und machte die Küche sauber, während Teddy die Hunde fütterte. Dann ging er mit Linda auf den Hof hinaus, um die anderen Tiere zu versorgen. Das waren Lindas vier Kaninchen Flopsy,

Mopsy, Cottontail und Peter, die in einem Stall neben der Garage untergebracht waren. Bevor sie von Herrn Gebhart die Küken geschenkt bekommen hatten, hatte die Ente Archibald mit ihnen zusammen gehaust. Aber nun war sie mit den Küken zusammen. Teddy hatte von Anfang an die Küken für sich beschlagnahmt und mit Hilfe seines Vaters einen Hühnerstall für sie gebaut. Linda fand, daß Archibald gerade noch rechtzeitig den Kaninchenstall verlassen hatte, denn er begann sich bereits einzubilden, ebenfalls ein Kaninchen zu sein, und lief Flopsy nach, als wäre sie seine Mutter. Linda hatte nur noch darauf gewartet, daß er eines Tages hoppeln würde und mit Karotten gefüttert werden wollte.

Während Teddy seine gefiederten Lieblinge fütterte, versorgte Linda die Kaninchen. Sie kraulte jedes von ihnen am Kopf und entschuldigte sich, daß sie sich nicht eher um sie gekümmert hatte. Als Entschädigung dafür gab sie ihnen eine besonders große Portion Salat und einen Sellerie. Dann eilte sie ins Haus zurück, denn sie wollte mit dem Aufsatz beginnen.

„Tut mir leid, Cleveland, aber du mußt jetzt draußen bleiben“, sagte sie zu dem Kater, als er in ihr Zimmer schlüpfen wollte. „Gigi darf noch keinen Besuch bekommen. Sie braucht noch absolute Ruhe.“ Mit diesen Worten ließ sie den miauenden Kater vor der Zimmertür zurück. Gigi lag eingerollt in ihrem Karton. Sobald sie Linda erblickte, sprang sie heraus und klammerte sich an ihren Beinen fest. Linda streichelte sie und legte sie dann wieder in ihr Bettchen. „Bleib schön liegen, Gigi“, sagte sie. „Es geht dir zwar schon viel besser, aber du bist noch nicht ganz gesund. Sei still und rühr dich nicht, denn ich habe jetzt zu tun." Sie setzte sich an ihren Schreibtisch und kramte ein Notizheft aus einem Berg von Büchern und Heften hervor. Während sie über das gestellte Thema nachdachte, kaute sie an ihrem Kugelschreiber. Wie Herr Steele bereits gesagt hatte, handelte es sich um eine Angelegenheit, die sie für sehr wichtig hielt. Vielleicht sollte sie darüber schreiben, wie ungerecht es war, daß Tiere so gut wie keine Rechtsansprüche hatten? Oder über die immer mehr überhandnehmenden Tierversuche? Oder über die Zurschaustellung von Tieren in Käfigen, wie es z. B. im Zefferelli-Zoo der Fall war?

Nachdem sie über eine Stunde nachgedacht hatte, wie sie das Thema angehen sollte, hatte sie sich endlich entschieden. Sie wollte über die vielen ausgesetzten Hunde und Katzen schreiben, denn das war ein Thema, das ihr schon immer am Herzen gelegen hatte. Ihrem Hund Jocko war das gleiche Schicksal widerfahren, bevor er von ihrer Familie aufgenommen worden war. Sie hatte vor eineinhalb Jahren den Welpen an einem Halteverbotsschild angebunden vorgefunden. Jocko hatte kein Halsband umgehabt und war offensichtlich in der Hauptstraße von Essex ausgesetzt worden. Nachdem Linda mehr als eine Stunde auf seinen Besitzer gewartet hatte, hatte sie den Welpen in ihren Einkaufskorb gesetzt und ihn nach Hause getragen. Sie hatte dann im *Tagesanzeiger* eine Anzeige aufgegeben, auf die sich aber niemand gemeldet hatte. Auch die vielen Anschläge, die sie in der Stadt angebracht hatte, waren erfolglos geblieben.

Jockos Geschichte endete glücklich, aber das war eher die Ausnahme. Das Tierheim von Essex war überfüllt mit streunenden Hunden und Katzen, die alle auf ein neues

Zuhause warteten. Der Gedanke, daß mitunter rechtschaffene Leute es übers Herz brachten, ein Tier einfach zu verstoßen und es wie einen Sack Abfall auf die Straße zu stellen, entflammte Lindas Zorn ständig von neuem. Sie begann zu schreiben:

„Haben Sie schon einmal darüber nachgedacht, woher all die streunenden Hunde und Katzen kommen, die im Tierheim landen? Haben Sie schon einmal ein Tier gefüttert, das ausgesetzt worden ist...?“

Lindas Gedanken überschlugen sich, und sie hörte erst zu schreiben auf, als ihr die Finger weh taten. Dann warf sie einen Blick auf Gigi, die noch immer fest in ihrem Bettchen schlief. Gigi und Leo sind ebenfalls verlassen worden, dachte Linda, aber sie hatten Glück. Linda wünschte, sie könnte für jedes ausgesetzte Tier ein Zuhause finden. Aber da sie wußte, daß das ein Ding der Unmöglichkeit war, gab sie sich damit zufrieden, daß sie und ihre Familie wenigstens hin und wieder ein Tier vor dem sicheren Tod retten konnten.

Dann nahm sie ihr Geschichtsbuch zur Hand, denn sie mußte vor dem Schlafengehen noch drei Kapitel lesen. Sie streckte sich gähnend. Es war ein anstrengender Tag gewesen, und auch der Rest der Woche versprach nicht gerade ruhig zu verlaufen. Aber morgen wollte sie sich mit Ghost einen langen Ausritt gönnen, vorausgesetzt, im Tier-Treff herrschte kein allzu reger Betrieb.

„Linda?“ ertönte plötzlich Teddys Stimme. Sie drehte sich um und sah ihren kleinen Bruder im Schlafanzug mit Kuschel-Wuschel, seinem Bären, den er von ihr und Erin geerbt hatte, in der Tür stehen. Wenn seine Freunde zu

Teddy stand mit seinem Bären Kuschel-Wuschel in seinem Zimmer und wartete auf Linda

Besuch kamen, versteckte er den Teddybären in seinem Schrank, aber am Abend nahm er ihn immer noch mit ins Bett.

„Setzt du dich heute nicht zu mir ans Bett?“ fragte Teddy. „Ich habe Paps schon gute Nacht gesagt und auf dich gewartet.“

Linda legte ihr Buch beiseite und sprang sofort auf. Sie war so in ihren Aufsatz versunken gewesen, daß sie ganz das allabendliche Ritual vergessen hatte. Auch wenn Teddy ein schrecklicher Wildfang war, so war er doch noch ein Kind, das bemuttert werden wollte.

„Natürlich komme ich“, sagte sie und fuhr ihm mit der Hand durch seine hellbraunen Locken. „Und Kuschel-Wuschel bringe ich auch ins Bett.“

„Versprichst du mir, daß du Billy und Eric nie erzählen wirst, daß Kuschel-Wuschel noch bei mir schläft?“ fragte er etwas beunruhigt, als er ins Bett sprang.

„Niemals“, sagte Linda. „Ich gebe dir mein Ehrenwort. Aber jetzt ist es Zeit zu schlafen. Gute Nacht und träume süß.“

„Gute Nacht, Linda“, sagte Teddy und ließ sich von seiner Schwester zudecken.

„Gute Nacht.“ Dann schlich sie auf Zehenspitzen aus dem Zimmer.

So ein Affenzirkus!

Eine Woche später fühlten sich Gigi und Leo bereits wesentlich besser. Der Tierarzt sagte, das Löwenbaby könnte nun den Tier-Treff verlassen. Aber es stellte sich die Frage, wohin mit dem kleinen Leo?

Linda schlug vor, ihn in den Stall zu geben, wo auch Ghost untergebracht war. Toby machte ihm eine Box zurecht. Aber in dem Augenblick, als Linda mit Leo den Stall betrat, wurden die anderen Tiere unruhig. Herrn Gebharts Kuh Daisy, die eine leichte Operation hinter sich hatte, muhte laut und bewegte verstört den Kopf hin und her. Das Schwein von Gerbers hörte gar nicht mehr auf zu grunzen und scharrte unruhig mit den Füßen. Selbst Ghost, der nicht so leicht aus der Ruhe zu bringen war, wurde nervös. Er tänzelte in seiner Box herum, schlug mit den Hufen gegen die Holzwand und wieherte laut.

„Was haben sie bloß?“ fragte Toby.

„Siehst du nicht, sie sind ganz verschreckt“, sagte Linda.

„Aber warum? Leo ist doch noch ein Baby!“ meinte Toby.

„Natürlich, das ist es!“ rief Linda plötzlich. „Daß ich nicht früher daran gedacht habe!“

„An was denn?“ fragte Toby ungeduldig.

„Leo ist nur ein Baby, aber er ist trotzdem ein Löwe. Die Tiere hier im Stall riechen es, nur wissen sie nicht, daß er noch klein ist. Für sie ist er ein Löwe, und deshalb fürchten sie sich vor ihm.“

„Aber Linda, das bildest du dir ein", meinte Toby. „Wie sollten Stalltiere wissen, was ein Löwe ist? Sie haben noch nie einen gerochen."

„Wenn schon! Sie haben aber trotzdem Angst vor Löwen", sagte Linda überzeugt. „Das ist wie mit den Vögeln, die Nester bauen, obwohl ihnen niemand gezeigt hat, wie man es macht. Das ist reine Instinktsache. Wir können Leo auf keinen Fall hierlassen, sonst würde bei den anderen Tieren Panik ausbrechen."

Ghost schlug wieder mit einem Huf gegen die Boxwand. Gleich darauf stieß Daisy mit den Hörnern gegen die Tür ihres Stalles. Das Schwein grunzte laut.

„Es ist ganz so, als wüßten sie, daß Leo sich von rohem Fleisch ernährt, und sie haben Angst, seine nächste Mahlzeit zu sein", sagte Linda.

Das Löwenbaby, das sich bislang ruhig in Tobys Armen verhalten hatte, knurrte nun und bewegte seinen Schwanz, wie Cleveland es tat, wenn er einen Vogel erblickte, den er verspeisen wollte.

„Und wohin willst du ihn dann geben?" fragte Toby und drückte Leo noch fester an sich. „Au!" schrie er plötzlich, als Leo seine kleine Pranke auf Tobys Schulter legte und seine Krallen ihn kratzten. „Leo, du tust mir weh, laß das!" rief er.

Linda sagte entschlossen: „Wir sperren ihn einstweilen in den Geräteschuppen. Dort machen wir ihm ein weiches Lager zurecht. Aber natürlich kann er da nicht bleiben. Meine Güte, wo können wir ihn bloß unterbringen?"

„Was hältst du von der Wildlife-Farm?" fragte Toby, als sie zum Geräteschuppen gingen. Die Farm existierte erst seit ein paar Wochen und lag außerhalb von Lancaster. Das

Besondere an ihr war, daß sie einen großen Tiergarten hatte. „Ich wette, sie nehmen ihn gerne auf, sobald er völlig gesund ist", meinte er. „Die Tiere haben es wirklich gut dort, nicht wie bei Herrn Zefferelli."

„Das ist eine Möglichkeit. Ich habe gar nicht daran gedacht", sagte Linda. „Vielleicht nehmen sie auch Gigi?" Sie öffnete die Tür des Geräteschuppens und warf einen Blick hinein. Mike hatte ihn säuberlich aufgeräumt. Die Geräte waren an ihrem Platz, und alles blitzte nur so vor Sauberkeit. In einer Ecke lag ein Stapel leerer Futtersäcke, der sich ausgezeichnet als Lager für Leo eignete.

„Sehr gut, mein Kleiner", sagte Linda zu Leo. „Das hier also ist dein neues Heim." Sie lachte leise. „Ich glaube, wir sollten Mike sagen, daß sein Geräteschuppen in eine Löwenhöhle umfunktioniert wurde. Er könnte einen leichten Schreck bekommen, wenn er die Tür öffnet und einen Löwen erblickt."

Leo sprang mit einem Satz von Tobys Armen und begann schnuppernd in dem Schuppen umherzulaufen. Toby und Linda beobachteten ihn, wie er auf den Stapel Futtersäcke zuging und sich mitten darauf setzte. Er rutschte noch ein paarmal hin und her, bis er endlich die richtige Lage gefunden hatte.

„Es gefällt ihm hier", stellte Toby fest. „Ich werde an der Schuppentür ein Schild mit der Aufschrift *Achtung, bissiger Löwe!* anbringen", fügte er lachend hinzu.

Linda legte den Kopf an die Wand des Geräteschuppens und lauschte angestrengt. „Jetzt scheinen sie sich wieder beruhigt zu haben. Gott sei Dank! Komm, Toby, Paps wird sich schon wundern, wo wir so lange bleiben."

*

Aber auch Gigi war fast gesund. Jetzt wollte sie natürlich nicht mehr die ganze Zeit in ihrem Karton oder in dem Puppenbett liegen. Je besser es ihr ging, um so lebhafter und neugieriger wurde sie. Jedesmal, wenn Linda nach Hause kam, mußte sie feststellen, daß das Äffchen sehr beschäftigt war. Entweder lagen alle ihre Schuhe im Zimmer verstreut herum, oder es war Gigi gelungen, eine der Schubladen zu öffnen, aus denen sie Lindas Socken und Unterwäsche geworfen hatte.

Linda war ziemlich verärgert, als sie Mittwoch nach der Schule heimkam und die Notizen, die sie im Biologieunterricht auf einen Block geschrieben hatte, im Zimmer verstreut lagen. Gigi sprang mit einem Ballettschuh von Erin ausgelassen herum.

„Gigi, gib sofort den Schuh her!“ rief Linda wütend.

„Laß sie doch“, sagte Erin belustigt. „Ich habe Gigi nach der Schule Ballettunterricht gegeben, und nun meint sie, daß die Schuhe ihr gehören. Ist sie nicht drollig?“

„Drollig hin, drollig her, aber wenn sie mir meine Biologienotizen überall verstreut, dann hört bei mir der Spaß auf“, sagte Linda, während sie die Blätter auflas.

„Aber was willst du? Sie ist schließlich ein Äffchen!“ verteidigte Erin Gigi. „Ich habe sie heute gebadet. Riech mal, wie sie duftet! Ich habe dein Kräutershampoo und deine Kamillenspülung verwendet. Riecht sie nicht gut?“

Linda schnupperte an Gigis Fell. „Ja, sie duftet wirklich angenehm.“

„Ich wette, Gigi könnte tanzen lernen“, sagte Erin. „Sie hat das Zeug dazu. Ich habe schon Frau Racer gefragt, ob sie ihr ein Ballettröckchen näht, und sie hat es mir versprochen, Gigi wird darin richtig süß aussehen!“

„Hervorragend!“ meinte Linda. „Aber sie wird sicher nicht der erste Affe sein, der Biologie studiert! Könntest du sie solange in dein Zimmer nehmen, bis ich den Aufsatz für den Tierschutzverein getippt habe? Ich muß ihn morgen abgeben, und Gigi wäre mir sicher keine Hilfe dabei. Sie ist ganz fasziniert von der Schreibmaschine und würde mir höchstwahrscheinlich beim Tippen helfen wollen!“

„Und ich dachte, daß du so tierliebend bist“, sagte Erin vorwurfsvoll.

„Bin ich auch“, verteidigte sich Linda. „Aber dieser Aufsatz ist wirklich sehr wichtig. Nicht nur für mich, sondern auch für Ghost. Ich muß das Preisgeld gewinnen, denn ich brauche es für seine Augenoperation. Das weißt du doch. Wenn Gigi um mich herum ist, kann ich mich nicht konzentrieren.“ Sie gab dem Äffchen einen liebevollen Klaps und drückte es dann Erin in die Hände.

„Wenn Schlafenszeit ist, bringe ich sie dir wieder“, sagte Erin. „Komm, Gigi, jetzt sehen wir uns mein Ballettbuch an. Ich wette, wenn du fleißig übst, wirst du bald tanzen wie eine echte Ballerina.“

Linda setzte sich an ihren Schreibtisch und begann das handgeschriebene Konzept, an dem sie mehrere Tage gearbeitet hatte, abzutippen. Nachdem sich Cleveland davon überzeugt hatte, daß das Äffchen nicht da war, nahm er seinen üblichen Platz auf dem Schreibtisch ein und bedeckte mit seinem langen, flauschigen Fell den größten Teil von Lindas Notizblock. Aber das störte Linda nicht. Jedesmal, wenn sie etwas nicht lesen konnte, hob sie Clevelands Pfoten hoch und spähte darunter. Das war sie schon gewohnt. Das Klappern ihrer Schreibmaschine wurde vom Schnurren des Katers begleitet. Erleichtert atmete sie auf, als sie mit der Arbeit fertig war. Sie zerriß das handgeschriebene Konzept in tausend kleine Schnipsel und hoffte, daß sich ihre Mühe gelohnt hatte. Dann warf sie die Papierstückchen in den Korb, der neben dem Schreibtisch stand.

Es war fast zehn Uhr, als Linda die getippten Seiten ordentlich neben die Schreibmaschine legte. Sie war zufrieden mit dem Aufsatz. Vielleicht war es sogar der beste, den sie jemals geschrieben hatte. Sicherlich würde sie den Preis gewinnen. Erin hatte schon vor einer Stunde Gigi zurückgebracht, und das Äffchen lag nun friedlich schlafend in seinem Bettchen. Dann legte sich auch Linda hin.

Am nächsten Morgen wollte sie den Aufsatz abgeben. Wie sehr Susan Bascombe sich auch anstrengen würde, Linda war sich ganz sicher, daß Susan den Wettbewerb nicht gewinnen würde.

Als Linda am nächsten Morgen erwachte, zwinkerte sie ein paarmal mit den Augen, denn sie glaubte, ihnen nicht trauen zu können. In ihrem Zimmer sah es aus, als hätte ein Schneesturm gewütet. Aber das war schon wegen der Jahreszeit unmöglich, und außerdem, wie sollte es in ihrem Zimmer schneien?

Verschlafen kroch sie aus dem Bett und überlegte: Wenn es Schneeflocken sind, dann müssen sie sich kalt anfühlen. Aber was da lag, war seidig und glatt wie Papier. Sie bückte sich und hob eine Handvoll davon auf. Ja, es war Papier, es war ihr getippter Aufsatz – in Konfetti verwandelt!

Linda schnappte nach Luft, bevor sie „Gigi!“ rufen konnte.

6 9705-8

Das Äffchen saß oben auf der Vorhangstange und quietschte vor Vergnügen.

„Gigi, was hast du bloß angestellt!“ brüllte Linda.

Das Äffchen schaute sie mit seinen großen Augen neugierig an.

„Ist dir klar, was du angerichtet hast?“ schrie Linda.

Gigi sprang nun mit einem Satz von der Vorhangstange auf den Schreibtisch herunter, wo sie einen Bleistift entdeckte, den sie sich hinter ein Ohr steckte.

„Ich mag Tiere, ich liebe Tiere!“ sagte Linda ein paarmal vor sich hin und setzte sich vor die Schreibmaschine. Sie holte ein Blatt Papier aus der Schublade. „Jetzt kann ich wegen diesem blöden Affen den ganzen Aufsatz noch einmal schreiben. Am liebsten würde ich ihm den Hals umdrehen, aber ich versuche nachsichtig zu sein“, sagte sie laut vor sich hin. „Da ich auch das Konzept nicht mehr habe, bleibt mir nichts anderes übrig, als den Aufsatz aus dem Gedächtnis zu schreiben. Zum Glück kann ich ihn fast auswendig.“

Als sie endlich mit dem Tippen fertig war, war es fast halb neun. Sie war noch nie zu spät zur Schule gekommen, aber diesmal würde es das erste Mal sein.

Hastig zog sie eine Bluse und Jeans an und verstaute den Aufsatz in ihrer Schultasche. Dann nahm sie Gigi und stürzte mit ihr in die Küche, wo Frau Racer das Äffchen mit geöffneten Armen empfing.

„Passen Sie gut auf sie auf“, sagte Linda zu der Haushälterin, während sie einen Becher Joghurt aus dem Kühlschrank nahm. Dann steckte sie sich noch einen Apfel in die Tasche und fügte hinzu: „Und lassen Sie sie auf keinen Fall in mein Zimmer!“

Frau Racer sah sie verwundert an. „Ich dachte, sie sollte sich nur in deinem Zimmer aufhalten?“

„Das galt, bevor sie meinen Aufsatz zerrissen hatte“, erwiderte Linda. „Ich muß jetzt gehen. Auf Wiedersehen!“

Die Haushälterin sah ihr verwundert nach, als sie zur Tür hinausstürzte und sich auf ihr Fahrrad schwang. Gigi legte ihre Ärmchen um sie und schnatterte munter drauflos.

Während Linda in die Pedale trat, sagte sie sich noch immer, daß es schließlich nicht Gigis alleinige Schuld war. Wie sollte das Äffchen wissen, daß es sich um so wichtige Blätter handelte? Aber trotzdem mußte sie zugeben, daß Gigi ziemlich verzogen war. Niemand bestrafte sie, wenn sie etwas anstellte.

Ich hätte ihr eine Ohrfeige geben sollen, dachte Linda. Aber Gigi war ein so liebes und lustiges Äffchen, daß man ihr nicht böse sein konnte. Und außerdem war sie krank gewesen und hatte eine Menge durchgemacht. Erin hatte es nicht einmal etwas ausgemacht, als Gigi mit ihren Ballettschuhen spielte. Und Teddy hatte auch nur gelacht, als das Äffchen ihm seine geliebte Baseballmütze vom Kopf nahm und sich damit auf den Geschirrschrank im Wohnzimmer setzte. Frau Racer war auch nicht strenger mit ihr, im Gegenteil, sie behandelte sie wie ein verzogenes Kind.

Linda beschloß, so rasch wie möglich Gigi und Leo in der Wildlife-Farm unterzubringen. Je länger das Äffchen bei ihnen blieb, um so mehr hingen alle an ihm. Das war allzu verständlich, denn Gigi war zutraulich und liebenswert. Normalerweise war sie es, die sich am meisten für ein obdachloses Tier einsetzte und es solange wie möglich im

Haus behalten wollte, aber diesmal konnte sie es kaum erwarten, ihr Zimmer wieder für sich allein zu haben. Auch Cleveland würde froh sein, wenn er auf Gigi keine Rücksicht mehr nehmen mußte, dessen war sich Linda ganz sicher. Jedesmal, wenn sie nach Hause kam, saß der Kater vor ihrer Zimmertür und schaute sie flehend an. Er wußte ganz genau, daß er von dem Äffchen verdrängt worden war, und Linda konnte ihn noch so oft streicheln und auf den Arm nehmen, er zeigte ihr jedesmal, daß er beleidigt war, und versuchte, sich aus ihren Armen zu befreien.

Gigi fand Clevelands Schwanz faszinierend. Wann immer das Äffchen sich frei im Haus bewegen durfte, war es hinter dem Kater her und zwickte ihn in den Schwanz. Cleveland setzte sich natürlich zur Wehr, aber Gigi war schneller als er. So zog es der Kater vor, sich eiligst unter dem Sofa zu verstecken, sobald Gigi in Sicht war.

Auf dem Schulhof angekommen, sprang Linda von ihrem Rad und stürmte die Treppe zum Hamilton-Gymnasium hinauf. Gerade als Susan Bascombe die Aufsätze einsammelte, betrat sie das Klassenzimmer. Linda nahm ihren Aufsatz aus der Schultasche und übergab ihn Susan. Dann ließ sie sich auf ihre Bank fallen.

„Was war denn los?“ flüsterte Jill ihr zu. „Ich dachte schon, du wärst krank.“

„Ein Affenzirkus!“ flüsterte Linda zurück. „Ich erzähle es dir später.“ Sie sah sich neugierig im Klassenzimmer um, denn Herr Steele war nicht anwesend. „Wo ist Steele?“ fragte sie Jill.

„Er kommt heute nicht. Wir haben eine Vertretung, aber sie ist für einen Augenblick hinausgegangen.“

Gleich darauf betrat eine kleine, zierliche Frau mit einer Hornbrille auf der Nase das Klassenzimmer. „Entschuldigung", sagte sie. „Aber ich mußte noch rasch zum Direktor. Susanna, hast du schon alle Aufsätze eingesammelt?"

„Ich heiße Susan", sagte Susan Bascombe pikiert. „Ja, ich habe alle eingesammelt. Sie liegen auf dem Tisch."

„Sehr gut. Dann können wir Seite dreiundsiebzig unserer Anthologie aufschlagen. Heute wollen wir ein Gedicht von Joyce Kilmer lesen. Es heißt *Bäume*."

„Uff, das hat mir gerade noch gefehlt", sagte Jill mit einem tiefen Seufzer. „Wie langweilig!"

Linda kicherte.

Als nun auch Jill zu kichern begann, ermahnte die Lehrerin sie und sagte, sie wollte auch gerne den Witz hören, über den die beiden lachten.

„Nein, so lustig ist er gar nicht", meinte Jill.

Susan hob die Hand und fragte: „Darf ich das Gedicht vorlesen? Ich mag solche Texte besonders gern."

Linda und Jill sahen sich verwundert an.

Die Lehrerin nickte, und Susan stand auf, strich sich mit einer Hand die Haare aus der Stirn und las das Gedicht im Leierton vor: *„Selbst im Traum gibt es kein Gedicht, das so schön ist wie ein Baum ...“*

Jill beugte sich vor und kritzelte in Lindas Notizbuch:
Oh, welche Qual ist Susans Stimme,
der ich leider nicht entrinne!

Linda kicherte und schrieb weiter:
Ich kann ihre Stimme nicht ertragen
und möchte auf den Baum sie jagen.

Dann kicherten sie von neuem, beherrschten sich aber schließlich und ließen Susans Vortrag über sich ergehen.

Der verschwundene Aufsatz

Linda wurde an diesem Nachmittag nicht im Tier-Treff gebraucht. Trotzdem wollte sie nicht mit Jill zum Einkaufen gehen, denn sie hatte sich vorgenommen, mit Ghost auszureiten. Das war ihr weitaus wichtiger, als mit Jill neue Turnschuhe zu kaufen. Außerdem war sich Linda ziemlich sicher, daß ihre alten Turnschuhe, die Gigi irgendwo versteckt hatte, wieder auftauchen würden.

„Kannst du das verstehen, Ghost?" sagte Linda, während sie das Pferd sattelte. „Obwohl ich Tiere über alles liebe, kann ich Gigi kaum noch ertragen. Ich bemühe mich wirklich, Verständnis für sie zu zeigen, aber es gelingt mir einfach nicht."

Der Wallach nickte, als hätte er Lindas Worte verstanden. Dann schnaubte er und tänzelte unruhig herum, denn er konnte es kaum erwarten, endlich wieder ausreiten zu dürfen.

Linda nahm die Zügel und sagte: „Ich weiß, du sehnst dich nach Sonne, nach frischer Luft und viel Bewegung."

Wenig später saß sie auf Ghosts Rücken, und sie galoppierten an Feldern und Wiesen vorbei. Aber gleich darauf mäßigte sie das Tempo, denn Ghosts Sehkraft hatte stark nachgelassen. Ihr Vater hatte ihr gesagt, daß die Operation erst dann durchgeführt werden könnte, wenn der graue Star ein bestimmtes Stadium erreicht hätte.

„Glaub mir, Ghost, es wird nicht mehr lange dauern, bis du wieder so gut sehen kannst wie früher", sagte sie und

Linda war gerne mit Ghost allein und vertraute ihm alles an, was sie beschäftigte

tätschelte beruhigend seinen Hals. „Und wenn ich den Aufsatzwettbewerb gewinne, dann bekomme ich weitere fünfzig Dollar für deine Operation."

Ghosts Schönheit und Kraft erfüllten Linda immer wieder von neuem mit Stolz. Eine Zeitlang ritt sie schweigend weiter, bis sie schließlich sagte: „Ich glaube, ich kann mich nicht zwingen, Gigi zu mögen. Es ist wie mit den Menschen. Es gibt welche, die man gern hat, aber auch solche, die man nicht ausstehen kann. Dazu gehört Susan Bascombe. Ich bin wirklich froh, daß ich mich nicht länger mit Gigi auseinandersetzen muß, denn wir geben sie auf die Wildlife-Farm." Plötzlich kam ihr ein komischer Gedanke, und sie mußte kichern. „Schade, daß es keine Menschen-Farm gibt, wohin ich Susan Bascombe verbannen könnte!"

Linda hatte mit Jill ausgemacht, daß sie sich bei ihr zu Hause treffen würden, wenn ihre Freundin mit dem Einkaufen fertig war und sie, Linda, vom Reiten zurückkam. Gerade als Linda vor ihrem Haus vom Fahrrad sprang, sah sie Jill mit einer großen Einkaufstüte die Straße entlangkommen. Offensichtlich hatte sie alles bekommen, was sie haben wollte – und noch ein paar Dinge mehr, wie Linda ihre Freundin kannte.

Die beiden gingen ins Haus hinein und wurden von Jocko und Sunshine freudig begrüßt.

„Wo ist Cleveland?" wollte Jill wissen und tätschelte die beiden Hunde.

„Wahrscheinlich hockt er oben vor meiner Tür", erwiderte Linda. „Ich hole ihn gleich."

Linda lief die Treppe hinauf, aber zu ihrem großen

Erstaunen saß der Kater nicht an dem gewohnten Platz. Wahrscheinlich hatte er sich unter das Sofa verkrochen, nahm Linda an. Sie ging wieder ins Erdgeschoß hinunter und steckte den Kopf unter das Sofa. „Cleveland!“ rief sie. „Wo bist du denn?“

Keine Antwort.

„Linda?“ rief Frau Racer aus der Küche und kam gleich darauf ins Wohnzimmer. „Hallo, Jill“, begrüßte sie das Mädchen.

„Guten Tag“, erwiderte Jill.

„Jill bleibt bei uns zum Abendessen“, sagte Linda. „Wir haben doch genug zu essen daheim?“

„Tut mir leid, keinen Bissen!“ sagte die Haushälterin schmunzelnd. „Nein, ich habe einen Topf Gulasch gemacht, dazu gibt es Nudeln und für dich, Linda, gebackenen Käse.“

„War Gigi ungezogen?“ erkundigte sich Linda.

„Nun ja“, meinte Frau Racer und machte ein etwas verlegenes Gesicht. „Es verlief nicht alles so glatt ... Aber es war nicht Gigis Schuld“, fügte die Haushälterin rasch hinzu. „Das dumme Kerlchen, es hätte das einfach nicht tun dürfen mit Cleveland. Aber Cleveland hätte sie auch nicht so heftig angreifen dürfen.“

„Und wo ist Cleveland jetzt?“ wollte Linda wissen. „Erzählen Sie schon, was passiert ist!“

„Um ehrlich zu sein, Linda, ich habe keinen blassen Schimmer, wo Cleveland sein kann. Er ist mit einem solchen Tempo hinausgeflitzt, daß ich nicht sehen konnte, wohin. Er hat einfach nicht verstanden, daß Gigi nur mit seinem Schwanz spielen wollte, als sie hineingebissen hat ...“

„Was, in den Schwanz gebissen?“ Linda schnappte nach Luft. „Der arme Kater!“

„Nicht wirklich tief, nur ein kleiner Biß“, versuchte die Haushälterin Linda zu beruhigen. „Cleveland war einfach wütend, weil Gigi seinen Futternapf zerbrochen hat . . .“

„Was, Gigi hat seinen Napf zerschlagen?“ entrüstete sich Linda. „Den, den ich selbst getöpfert habe?“

Gigi war nicht zu bremsen. In seinem Übermut hatte er Cleveland in den Schwanz gebissen

„Sie hat es nicht absichtlich getan, sie spielte nur damit. Und da er schwerer war, als sie dachte, ließ sie ihn fallen. Verständlich bei einem so zierlichen Tier... Linda, es ist nicht halb so schlimm, wie du meinst. Er ist in zwei Teile zerbrochen, und Teddy hat sie schon wieder zusammengeklebt. Cleveland hat dann Jagd auf Gigi gemacht, Gigi ist auf den Eßtisch gesprungen und Cleveland hinterdrein. Dabei hat er die Blumenvase umgestoßen. Ach, das sah aus! Aber ich habe alles gleich aufgewischt und dann..."

„Wann hat Gigi in Clevelands Schwanz gebissen, Frau Racer?" schrie Linda.

„Das war etwas später. Erst als Gigi ihn unter das Sofa jagte. Clevelands Schwanz schaute noch hervor, und so biß Gigi zu..."

„Oh, wenn mir Gigi unter die Augen kommt, bringe ich sie um!" rief Linda.

„Beruhige dich, Linda. Ich habe ihr einen Klaps auf das Hinterteil gegeben und sie in die Speisekammer eingesperrt. Sie ist noch immer drin. Du solltest sehen, was für ein trauriges Gesicht sie macht!"

„Das geschieht ihr ganz recht", meinte Linda und wandte sich an Jill: „Komm, wir suchen Cleveland! Der Arme! Er kommt sich sicher ganz verlassen vor."

„Auf Wiedersehen, Frau Racer", rief Jill, als Linda sie an der Hand nahm und aus dem Haus zog. „Ich freue mich schon auf das Gulasch!"

Linda blieb plötzlich auf dem Weg, der zum Haupteingang führte, stehen. „Wenn ich an Clevelands Stelle wäre und ein Affe mich in den Schwanz gebissen hätte, wohin würde ich mich flüchten?" sagte sie laut vor sich hin.

„Vielleicht auf einen Baum?" meinte Jill.

„Ja, das ist durchaus möglich“, sagte Linda. „Aber das Problem ist nur, daß es hier in der Umgebung sehr viele Bäume gibt. Es wird am besten sein, wenn wir nach ihm rufen. Ich schlage vor, du gehst vor und ich hinter das Haus. Aber erst mußt du wissen, wie du ihn zu rufen hast.“

„Nun übertreib mal nicht, Linda“, sagte Jill. „Einen Kater zu rufen ist ja nun wirklich kein Kunststück. Ich rufe ganz einfach: ‚Cleveland, komm!‘ Okay?“

„Falsch“, sagte Linda. „Du mußt mit einer ganz hohen Stimme rufen: ‚Miez, Miez, Miez, komm, Miezchen!‘“

„Das kann doch nicht dein Ernst sein!“ lachte Jill. „Da komme ich mir ja wie ein Idiot vor!“

„Bitte, Jill, glaube mir, und tu, was ich dir sage“, redete Linda auf die Freundin ein.

Jill verdrehte die Augen. „Nun gut, aber ich wette, sämtliche Katzen aus der Umgebung werden angerannt kommen.“

„Was die anderen tun, kümmert mich nicht. Wichtig ist nur, daß Cleveland zurückkommt. Also, fangen wir an!“

Jill begann, mit hoher Stimme vor dem Haus nach dem Kater zu rufen, während Linda im Garten ihr Glück versuchte. Eine halbe Stunde später trafen sie sich wie vereinbart am Hauseingang wieder. Ohne Erfolg.

„Was sollen wir bloß tun?“ fragte Linda mit einem tiefen Seufzer. Doch da hatte sie einen Einfall. „Teddys Baumhaus!“ rief sie. „Vielleicht hat sich Cleveland darin versteckt? Komm, laß uns nachsehen!“

Die Mädchen gingen hinter das Haus. Linda kletterte als erste die Leiter zum Baumhaus hinauf. Kaum hatten ihre Augen die Höhe des Fußbodens erreicht, erblickte sie auch schon in einer Ecke ein rotweißes Knäuel.

„Er ist da!" rief sie ihrer Freundin über die Schulter zu und kletterte in das Baumhaus.

Jill folgte ihr sogleich, und oben angekommen, sah sie Linda mit dem Kater auf dem Arm im Schneidersitz auf dem Boden des Baumhauses sitzen.

„Er hat keine Wunde", stellte Linda erleichtert fest. „Sein Fell ist so dicht, daß ihm Gigis Zähne nichts anhaben konnten." Dann redete sie beschwichtigend auf den Kater ein. „Du brauchst keine Angst zu haben, Cleveland. Wir haben dich alle lieb, nur Gigi nicht. Aber sie wird bald nicht mehr bei uns sein, das verspreche ich dir."

Der Kater ließ Lindas Liebkosungen über sich ergehen, aber er schnurrte nicht wie sonst. Hin und wieder drehte er den Kopf nach hinten und beäugte seinen Schwanz. Endlich, nachdem die beiden Mädchen ihn lange genug gestreichelt und ihm immer wieder gesagt hatten, daß er der liebste und schönste Kater war, beruhigte er sich, was er mit einem kurzen Schnurren zum Ausdruck brachte.

„So gefällst du mir wieder, Cleveland", flüsterte Linda und kraulte ihn unter dem Kinn. „Komm jetzt mit uns, ich verspreche dir, du wirst Gigi nicht begegnen. Außerdem bekommst du eine große Portion Fleisch."

„Paps, wir können Gigi nicht länger im Haus behalten", sagte Linda, als die ganze Familie um den großen Eichentisch in der Küche versammelt war. Auch Jill hatte mit den Taylors zu Abend gegessen. „Sie macht mich und Cleveland noch ganz verrückt. Und da sie jetzt gesund ist, können wir sie mit Leo in der Wildlife-Farm unterbringen."

„Nein, Paps!“ rief Erin. „Gigi ist das liebste Haustier, das wir je hatten. Sie läßt sich Elisabeths Kleider anziehen, und Frau Racer wollte ihr ein Ballettröckchen nähen. Ich wollte nämlich Fräulein Tamara fragen, ob ich bei der nächsten Ballettvorstellung mit Gigi auftreten darf.“

„Vorausgesetzt, du hast deine Ballettschuhe noch“, sagte Linda spitz. „Hast du nicht Frau Racer erzählt, daß Gigi die Bänder deiner schönsten Ballettschuhe abgerissen hat?“

„Nun ja, das stimmt“, gab Erin kleinlaut zu. „Aber Frau Racer hat sie schon wieder angenäht.“ Dann wandte sie sich ihrem Vater zu: „Sag, Paps, muß Gigi noch immer in der Speisekammer bleiben? Ich bin sicher, sie hat eingesehen, daß sie Cleveland unrecht getan hat, und wird ihn nie mehr beißen.“

„Das glaubst du wohl selbst nicht!“ mischte sich Linda ein. „Erinnerst du dich, wie du dich wegen Teddys Frettchen aufgeregt hast und zu Teddy sagtest, es würde gebratenes Frettchen zum Mittagessen geben? Nun, wenn Gigi Cleveland noch einmal belästigt, dann verspreche ich dir, daß es Affensteaks zu essen gibt!“

„O Linda, wie herzlos du bist!“ rief Erin empört.

„Sag mal, Schwesterherz, wieso bist du eigentlich zu Gigi so grausam?“ wollte Teddy wissen.

„Linda ist nicht grausam, sie ist nur realistisch“, verteidigte der Tierarzt seine ältere Tochter. „Es war von Anfang an ausgemacht, daß Gigi nur, solange sie krank ist, bei uns bleiben würde. Dann sollte sie woanders untergebracht werden. Und jetzt ist sie gesund und Leo ebenfalls. Dem Löwenbaby gefällt es übrigens gar nicht in dem Geräteschuppen. Aber wir haben bereits einen Platz für

Leo gefunden. Am Wochenende bringen wir beide auf die Wildlife-Farm. Ich habe schon mit den Besitzern gesprochen. Sie freuen sich, daß zu ihren Tieren ein Löwenbaby und ein Äffchen hinzukommen. Ich habe mich auch beim Tierschutzverein über die Farm erkundigt. Man sagte mir, sie sei sehr sauber und bestens geführt. Die Tiere werden ausgezeichnet betreut. Ich bin sicher, Gigi und Leo werden dort sehr glücklich sein."

„Aber *wir* werden nicht glücklich sein", jammerte Teddy. „Nur Linda wird froh sein."

„Jetzt aber Schluß, Teddy!" ermahnte ihn sein Vater. „Die Debatte ist beendet. Und jetzt darfst du Gigi aus der Speisekammer holen, Erin."

Erin sprang sogleich auf und öffnete die Tür zur Speisekammer. „O nein!" rief sie. „Gigi, was hast du nur angestellt!"

„Was hat sie denn getan?" wollte Linda wissen.

Gleich darauf drängten sich alle neugierig vor der halbgeöffneten Tür.

Gigi kauerte auf dem Regal neben dem Schrank. Sie sah aus wie ein Geisteraffe! Und auch um sie herum war alles weiß.

Wie heute morgen in meinem Zimmer, dachte Linda. Nur jetzt ist es zur Abwechslung Mehl.

„Es ist meine Schuld", sagte Erin mit weinerlicher Stimme. „Ich habe alle Lebensmittel in den Schrank gesperrt, nur das Mehl habe ich vergessen."

„Sieht ganz so aus, als müßte Gigi schon wieder gebadet werden", sagte Linda und seufzte. „Hoffentlich ist noch Haarshampoo da."

„Gigi, das war das Schärfste", sagte Teddy, und in seiner

Stimme klang Bewunderung mit. „So wüst hat es hier noch nie ausgesehen."

„Da hast du recht, mein Sohn", meinte der Tierarzt. „Du und Erin, ihr steht auf Gigis Seite und müßt daher die Speisekammer wieder in Ordnung bringen."

Teddy machte ein langes Gesicht. „Aber es war doch Gigi und nicht wir!" protestierte er.

„Das weiß ich. Aber da Gigi nur ein dummes, kleines Äffchen ist, kann man von ihr nicht verlangen, daß sie hier saubermacht. Das müßt schon ihr beide übernehmen."

„Das finde ich nicht fair!" brummte Erin.

„Es war auch nicht fair, daß Gigi meinen Aufsatz zerrissen hat", entgegnete Linda. „Und es war nicht fair, daß ich dreieinhalb Seiten noch einmal tippen mußte und deshalb zum ersten Mal zu spät zur Schule kam! Komm, Jill, wir baden Gigi, während Erin und Teddy hier saubermachen."

„Au fein!" rief Jill. „Das ist wie ein Abenteuer, dessen Ausgang man nicht kennt!"

„Linda, ich möchte dich gerne nach der Stunde sprechen", sagte Herr Steele.

„Ja, Herr Steele", erwiderte Linda und fragte sich, was wohl der Englischlehrer von ihr wollte. Vielleicht hatte er ihren Aufsatz schon gelesen und wollte ihr sagen, daß er ihm gefallen hatte. Oder aber, daß er davon enttäuscht war. Aber vielleicht wollte er über etwas ganz anderes mit ihr reden.

„Ich warte am Gang auf dich", sagte Jill zu Linda, als der Unterricht zu Ende war.

Linda nickte und ging auf Herrn Steele zu.

„Um ehrlich zu sein, Linda, ich bin sehr enttäuscht von dir", begann der Lehrer.

Linda sah ihn fragend an und spürte, wie ihr die Röte in die Wangen stieg. Der Lehrer hatte also ihren Aufsatz gelesen, und er hatte ihm mißfallen. Am liebsten wäre sie vor Scham im Fußboden versunken.

„Das tut mir leid, Herr Steele", sagte sie kleinlaut. „Ich glaube, ich habe ein paar wichtige Dinge vergessen. Aber das kommt daher, daß der Affe den Aufsatz zerrissen hat..."

Der Lehrer schüttelte langsam den Kopf und meinte: „Ich habe schon viele Ausreden für eine nicht gemachte Arbeit gehört, aber diese hier übertrifft alle. Das hätte ich von dir nicht erwartet, Linda. Du zählst zu meinen besten Schülerinnen, und das Thema müßte dir doch liegen. Mir wäre lieber, du würdest mir offen und ehrlich sagen, warum du den Aufsatz nicht geschrieben hast, anstatt mir weismachen zu wollen, ein Affe habe ihn zerrissen."

„Aber ich habe den Aufsatz geschrieben, zweimal sogar", versuchte Linda dem Lehrer klarzumachen. „Und unser Äffchen hat die erste Fassung zerrissen – wir haben es zu Hause in Pflege, weil in der Klinik kein Platz mehr war. Aber jetzt geht es ihm schon viel besser. Und da ich mein Konzept zerrissen und weggeworfen hatte, mußte ich noch einmal von vorne beginnen. Das war auch der Grund, warum ich vorgestern zu spät zur Schule kam. Aber da Sie nicht da waren, können Sie das nicht wissen..."

„Moment mal, willst du damit behaupten, daß du den Aufsatz geschrieben hast? Und dann soll ihn dir ein Affe, den ihr zu Hause gesund pflegt, zerrissen haben?"

7 9705-8

„Ja, so war es. Und ich habe den Aufsatz Susan gegeben. Fräulein Bradly hatte sie gebeten, die Aufsätze einzusammeln. Meiner war der letzte. Fragen Sie Jill, wenn Sie noch Zweifel haben."

Der Lehrer lächelte. „Linda, ich glaube dir, und es tut mir leid, daß ich etwas barsch zu dir war. Aber das ändert nichts an der Tatsache, daß dein Aufsatz nicht unter den anderen ist. Ich habe alle genau durchgesehen, bevor ich sie an den Tierschutzverein weitergegeben habe."

Linda zog die Stirn kraus, denn plötzlich war ihr ein Gedanke gekommen: Susan Bascombe steckte dahinter! „Herr Steele", sagte sie mit ernster Miene, „ich habe wirklich Susan meinen Aufsatz gegeben. Ehrenwort!"

„Dann muß er irgendwo liegen. Vielleicht hat Fräulein Bradly ihn aus Versehen woanders abgelegt. Ich glaube, sie ist im Haus, ich werde gleich zu ihr gehen. Es tut mir wirklich leid, Linda. Ich war mir ganz sicher, du würdest den Wettbewerb gewinnen."

„Danke, Herr Steele", sagte Linda und zwang sich zu einem Lächeln. „Aber das ist nun vorbei."

„Linda, kommst du?" fragte Jill, die vor dem Klassenzimmer gewartet hatte. „Entschuldigen Sie, Herr Steele, aber wenn wir uns nicht beeilen, kommen wir zu spät in die Geschichtsstunde."

„Selbstverständlich", erwiderte der Englischlehrer. „Also dann bis morgen!"

Linda nickte und lief mit ihrer Freundin davon.

„Was wollte er von dir?" erkundigte sich Jill.

„Mein Aufsatz ist verschwunden", sagte Linda.

„Aber das ist doch ganz unmöglich! Ich habe mit eigenen Augen gesehen, wie du ihn Susan gegeben hast."

„Susan Bascombe“, sagte Linda nachdenklich.
„Susan Bascombe“, wiederholte Jill.

Dann schauten sie sich einen Augenblick lang an, bis Jill rief: „Weißt du was? Ich glaube, Susan hat ihn verloren, und dabei ist er ganz zufällig im Papierkorb gelandet.“

„Das würde ich ihr durchaus zutrauen. Sie wartet schon die ganze Zeit auf eine Gelegenheit, um sich an mir zu rächen. Und nun hat sie es getan.“

„Wir schnappen sie uns beim Mittagessen, und glaube mir, wir werden die Wahrheit aus ihr herausbekommen!“ sagte Jill.

Susans Rache

Aber es war gar nicht so einfach, Susan zu finden. Sie schien wie vom Erdboden verschwunden zu sein – oder zumindest vom Schulgelände. Gleich nach der Geschichtsstunde gingen Linda und Jill zum Turnsaal, denn Susan hatte mit ihnen Turnen. Doch Susan war auch hier nicht. Als Linda Courtney nach ihr fragte, erfuhr sie, daß Susan über Bauchschmerzen geklagt hatte und vom Turnen befreit worden war. Angeblich sollte sie sich in den Sanitätsraum gelegt haben.

„Au, au!“ jammerte Jill und rieb sich mit der Hand die Stirn.

„Was hast du denn?“ fragte Linda erschrocken. „Was ist?“

Jill schwankte leicht und hielt sich noch immer die Hand an die Stirn. Dann lehnte sie sich an einen der Garderobenschränke und sagte: „Ich habe schreckliche Kopfschmerzen. Meine Mutter klagte auch heute morgen über Migräne. Womöglich habe ich mich angesteckt!"

Courtney sah Jill mißtrauisch an. „Unsinn, meine Mutter hat andauernd Migräne. Ich weiß, daß das nicht ansteckend ist."

„Bist du dir da sicher?" fragte Jill. „Vielleicht hat meine Mutter eine andere Art von Migräne, eine, die ansteckend ist. Ich glaube, ich sage Fräulein Bock, daß ich heute nicht mitturnen kann und mich im Sanitätsraum hinlege."

Linda war mit einemmal klar, was Jill bezweckte. „Ja, tu das", riet sie der Freundin. „Du bist auch ganz blaß. Da auch Susan im Sanitätsraum ist, kannst du dich vielleicht mit ihr ein wenig unterhalten..."

„Wo ist die Tür?" sagte Jill und streckte die Arme aus. „Ich habe richtige Sehstörungen. Hoffentlich falle ich nicht in Ohmacht..."

Linda nahm Jill bei der Hand. „Ich begleite dich", schlug sie vor und machte ein besorgtes Gesicht, um Courtney zu überzeugen.

Sobald die beiden Mädchen den Garderobenraum verlassen hatten, flüsterte Linda: „Ich bin gespannt, was du aus Susan herauslocken kannst!"

„Ich auch", meinte Jill. „Aber jetzt müssen wir vor Fräulein Bock eine gute Schau abziehen, damit sie uns glaubt. Sie weiß doch, wie sehr mir Turnen verhaßt ist. Du mußt mich stützen, so, als würde ich jeden Augenblick in Ohnmacht fallen."

Linda legte einen Arm um Jills Schultern, während sie den Turnsaal betraten. Die Lehrerin war gerade damit beschäftigt, das Volleyballnetz zu spannen.

Linda schilderte ihr Jills Beschwerden, und obwohl die Lehrerin etwas mißtrauisch dreinsah, zeigte sie sich einsichtig.

„Vielleicht sollte ich sie begleiten?“ schlug Linda vor. „Es geht ihr ziemlich schlecht...“

„Nein, nicht nötig“, wehrte Jill ab und zwang sich zu einem tapferen Lächeln. „Es tut mir wirklich leid, Fräulein Bock, daß ich das Volleyballspiel versäume“, fügte sie hinzu.

„Das glaube ich dir“, meinte die Turnlehrerin, aber es klang nicht überzeugend. Dann wandte sie sich an Linda: „Zieh dich schnell um. Hoffentlich kannst du dich auf das Ballspiel konzentrieren.“

„Warum nicht? Ich meine..., hoffentlich“, stotterte Linda.

„Au, au!“ stöhnte Jill und ging mit unsicheren Schritten hinaus.

Fräulein Bock sah ihr kopfschüttelnd nach. „Dieses Mädchen bringt mich noch zur Verzweiflung“, sagte sie zu Linda. „Letzte Woche war es ein ins Fleisch gewachsener Zehennagel, heute ist es Migräne. Ich bin schon neugierig, was ihr nächste Woche fehlen wird.“

Linda erwiderte nichts, sondern eilte in die Garderobe. Obwohl sie zu den Besten im Volleyballspiel zählte, wünschte sie, die Stunde wäre bereits vorüber, damit sie Jill über Susan ausfragen konnte.

„Alles umsonst“, meinte Jill, als sich die beiden nach der Turnstunde vor dem Sanitätsraum trafen.

„Was meinst du?“ fragte Linda. „Wollte sie nicht reden?“

„Nein, sie war gar nicht da!“ berichtete Jill. „Frau Becker

gab mir eine Kopfschmerztablette, und dann mußte ich mich auf eine dieser steinharten Holzpritschen legen. Als ich mich in dem Raum umsah, stellte ich fest, daß ich ganz allein war."

„Was meinst du, wo sie gewesen sein kann?" fragte Linda.

„Ihre Mutter hat sie abgeholt", erzählte Jill. „Ich habe es von Frau Becker erfahren. Ich tat so, als wäre ich Susans Freundin und machte mir ihretwegen Sorgen."

„So ein Mist!" ärgerte sich Linda. „Jetzt bleibt uns nichts anderes übrig, als bis morgen zu warten."

„Und morgen ist alles zu spät. Da geben sie bereits den Gewinner des Wettbewerbs bekannt", meinte Jill enttäuscht. „Selbst wenn wir herausfinden, daß Susan deinen Aufsatz versteckt hat, und wir sie dazu überreden könnten, ihn dir zurückzugeben, würde das nichts mehr ändern, denn die Jury hat bereits ihre Entscheidung getroffen."

„Ach, warum habe ich bloß keine Kopie gemacht!" ärgerte sich Linda. „Ich wollte noch in der Schule den Aufsatz fotokopieren, aber da ich ohnehin schon zu spät war, habe ich nicht mehr daran gedacht. Und das alles wegen Gigi!"

„Übrigens, was geschieht mit ihr und Leo?" wollte Jill wissen. „Gebt ihr sie auf die Wildlife-Farm?"

„Ja, dieses Wochenende", sagte Linda. „Erin, Teddy und Frau Racer führen sich deshalb auf, als ginge die Welt zugrunde. Normalerweise bin immer ich diejenige, die sich für ein Tier einsetzt, aber diesmal bin ich die Herzlose. Ach, dieser Aufsatzwettbewerb ist die reinste Katastrophe!"

„Das kann man wohl sagen", pflichtete Jill ihr bei. „Komm, laß uns in die Cafeteria gehen. Vielleicht kannst du deine Sorgen in einem Becher Joghurt ertränken?"

Auf dem Weg dorthin begegnete ihnen die Turnlehrerin. „Wie geht es dir, Jill?" erkundigte sie sich. „Hast du noch Kopfschmerzen?"

Jill machte ein leidendes Gesicht und zwang sich zu einem Lächeln. „Danke, Fräulein Bock, es geht mir schon besser."

„Da bin ich aber froh", erwiderte die Lehrerin. „Da du dich bereits auf dem Weg der Besserung befindest, schlage ich vor, daß du heute nachmittag am Turnunterricht der Parallelklasse teilnimmst, anstatt in der Bibliothek zu arbeiten. Ansonsten müßte ich dir in diesem Zeugnis eine schlechtere Note geben."

„Nein, bitte nicht", sagte Jill erschrocken. „Ich komme gerne in die Turnstunde am Nachmittag. Spielen wir wieder Volleyball?"

„Nein, Basketball", antwortete die Lehrerin. „Also dann, um zwei Uhr!"

„Ja", sagte Jill. Als die Turnlehrerin weitergegangen war, meinte sie zu Linda: „Wenn es etwas gibt, das mir noch verhaßter ist als Volleyball, dann ist es Basketball! Und klein, wie ich bin, werden sie mich noch mit dem Ball verwechseln!"

Linda mußte lachen. „Am besten, du legst die Arme um die Knie und ziehst den Kopf ein. Aber vergiß nicht hochzuspringen, wenn sie dich in den Korb werfen!"

„Sehr komisch", sagte Jill. „Und so was nennt sich Freundin! Ich wünschte, sie würden das mit Susan tun!" Bei diesem Gedanken mußte nun auch Jill lachen. „Ich glaube, ich brauche jetzt ein anständiges Mittagessen, um beim Basketball nicht zusammenzubrechen!“

Am nächsten Tag nahm Linda mit finsterem Gesicht in der Englischstunde Platz. Sie versuchte sich einzureden, daß es keine Rolle spielte, daß sie bei dem Wettbewerb nicht gewonnen hatte. Auch ohne die fünfzig Dollar würde sie das Geld für Ghosts Operation zusammenbekommen. Von nun an würde sie noch fleißiger sparen als bisher.

„Es ist uns eine große Ehre, Frau Pollock, die Vorsitzende des Tierschutzvereins von Essex, bei uns begrüßen zu dürfen“, sagte Herr Steele. „Frau Pollock hat die Liebenswürdigkeit gehabt, trotz ihrer knapp bemessenen Zeit zu uns zu kommen, um höchstpersönlich den Gewinner des Aufsatzwettbewerbs bekanntzugeben. – Darf ich Sie bitten, Frau Pollock, nun das Wort zu ergreifen?“

Die Vorsitzende des Tierschutzvereins, die neben Herrn Steeles Schreibtisch gestanden hatte, trat nun vor die Klasse. „Danke, Herr Steele“, sagte sie mit einem breiten Grinsen, das ihr Pferdegebiß entblößte. „Wie Sie und Ihre Schüler und Schülerinnen bereits wissen, legt der Tierschutzverein großen Wert darauf, daß die Probleme, mit denen sich die Tierfreunde konfrontiert sehen, an unsere Jugend herangetragen werden. Jeder Hund, jede Katze und jedes Pferd haben ein Recht, ihr Leben zu genießen ...“

Linda duckte sich hinter dem Mädchen vor ihr, denn sie konnte sich das Lachen nicht verkneifen. Frau Pollock war bekannt dafür, daß sie sich oft recht ungeschickt ausdrückte, was manchmal geradezu peinlich war.

„Und deshalb freut es uns ganz besonders, daß eure

Schule uns in diesem Sinn so zahlreich unterstützt hat. Es ist eine Ehre für mich, die Gewinnerin des Aufsatzwettbewerbs, die in dieser Klasse ist, bekanntzugeben." Sie lächelte, und während sie weitersprach, wanderte ihr Blick von einem Gesicht zum anderen.

Linda erwiderte ihr Lächeln nicht, denn sie wußte, daß Frau Pollocks Worte nicht an sie gerichtet waren.

„Und nun möchte ich euch die Gewinnerin vorstellen." Frau Pollock warf einen Blick auf ihre Notizen. Dann hob sie den Kopf und verkündete mit lauter Stimme: „Die Gewinnerin des Aufsatzwettbewerbs des Tierschutzvereins von Essex ist Susan Bascombe!"

Linda erstarrte. Sie warf Jill einen Blick zu und sah, wie diese die Augen verdrehte und die Zunge gerade so weit herausstreckte, daß Linda sie sehen konnte.

Susan stand auf und nahm lächelnd den Applaus der Klasse entgegen. „Danke, Frau Pollock", sagte sie mit zuckersüßer Stimme. „Ich freue mich sehr über diesen Preis, denn ich liebe Tiere über alles ..."

Linda und Jill sahen sich erstaunt an.

„Und es freut mich ganz besonders, daß der Tierschutzverein meinen Aufsatz für den besten befunden hat."

„Herzlichen Glückwunsch, Susan!" sagte der Englischlehrer.

„Danke, Herr Steele", erwiderte Susan und klapperte mit den Wimpern.

„Susan Bascombe, ich schlage vor, daß du uns deinen Aufsatz vorliest, bevor Frau Pollock dir den Preis überreicht", sagte der Lehrer.

Susan wurde unsicher. „Ja ..., aber ich weiß nicht ...", stotterte sie.

„Nur keine falsche Bescheidenheit, Susan", meinte Frau Pollock. „Ich habe die Kopie deines Aufsatzes mitgebracht, für den Fall, daß du sie nicht dabeihättest. Ich finde, die Klasse hat ein Recht darauf, deinen Aufsatz zu hören. Bitte, lies ihn jetzt vor." Mit diesen Worten drückte sie Susan den Aufsatz in die Hand.

Susan starrte einen Augenblick auf die Kopie, bevor sie sagte: „Ich, ich glaube nicht..."

„Susan, wir warten!" ermahnte sie der Englischlehrer.

Susan holte tief Atem, und bevor sie zu lesen begann, warf sie einen flüchtigen Blick in Lindas Richtung.

„Bitte lauter, wir verstehen dich kaum", sagte Frau Pollock.

Susan strich sich eine Haarsträhne aus der Stirn und begann noch einmal von vorne zu lesen. Diesmal aber mit so lauter Stimme, daß alle sie verstehen konnten: „Haben Sie schon einmal darüber nachgedacht, woher all die streunenden Hunde und Katzen kommen, die im Tierheim landen? Haben Sie schon einmal ein Tier gefüttert, das ausgesetzt worden ist? Und haben Sie es dann dem Nächstbesten, der Mitleid mit ihm hatte, überlassen? Haben Sie schon einmal ein Haustier gehabt, das Sie nicht behalten konnten, aber nicht wußten, wohin damit? Haben Sie dann entschieden, daß es für das Tier am besten ist, wenn Sie es tierliebenden Leuten geben, bei denen es gut aufgehoben ist? Wenn Sie das alles getan haben, dann können Sie auch meine erste Frage beantworten. Die Tiere, die im Tierheim sind, wurden fast immer von ihren Besitzern ausgesetzt, weil diese nicht länger für sie sorgen wollten..."

Lindas Gesicht wurde immer länger, je mehr sie von

dem Aufsatz hörte, dessen Wortlaut sie genau kannte, und Zornesröte stieg ihr ins Gesicht.

„Was hast du denn?“ flüsterte Jill ihr zu. „Du siehst ja aus, als bekämst du gleich einen Herzanfall!“

„Dieser Aufsatz. Susans Aufsatz...“, stotterte Linda.

„Klingt sehr gut bis jetzt“, fuhr Jill fort. „Das erstaunt mich. Ehrlich gesagt, ich hätte das nicht von ihr erwartet.“

„Jill, es ist *mein* Aufsatz! Wort für Wort! Sie liest *meinen* Aufsatz vor“, flüsterte Linda aufgeregt.

„Du scherzt!“ meinte Jill. „Bist du sicher, daß es deiner ist?“

„Na klar“, sagte Linda wütend. „Ich habe ihn zuerst mit der Hand geschrieben und dann zweimal getippt. Ich kann ihn fast auswendig. Susan hat meinen Aufsatz nicht verloren oder versteckt, sie hat ihn gestohlen!“

Herr Steele warf den beiden einen finsteren Blick zu und schüttelte mißbilligend den Kopf.

Linda, die noch immer mit hochrotem Kopf dasaß, biß sich auf die Unterlippe und überlegte fieberhaft, was sie tun sollte. Aufspringen und Susan vor der ganzen Klasse des Diebstahls beschuldigen? Nein, das brachte nichts. Susan würde nur müde lächeln und alles abstreiten. Sosehr sie auch überlegte, sie fand keinen Weg, die Wahrheit zu beweisen. Nicht einmal Jill könnte ihr dabei helfen, obwohl sie den Aufsatz gelesen hatte. Sie konnte es einfach nicht glauben, daß Susan den Preis annehmen würde, der ihr gar nicht zustand. Eine solche Unverfrorenheit traute sie ihr doch nicht zu.

Jill tat so, als gelte der mahnende Blick des Englischlehrers nicht ihr, und sie flüsterte weiterhin in Lindas Ohr: „Du wirst das doch nicht so mir nichts, dir nichts hinnehmen? Du mußt ihnen die Wahrheit sagen!"

Linda schüttelte den Kopf.

„Wenn du nichts sagst, dann tu ich es", sagte Jill und wollte schon die Hand heben. Doch Linda faßte sie am Handgelenk und hinderte sie daran.

„Das wirst du nicht tun", flüsterte sie. „Ich will keine Szene. Ich werde anschließend mit Herrn Steele reden."

„Klar, dann, wenn Susan mit dem Preis nach Hause gegangen ist", brummte Jill.

„Der Preis ist mir egal", erwiderte Linda. „Oder fast egal. Aber ich will, daß die Sache auffliegt."

Inzwischen hatte Susan den Aufsatz zu Ende gelesen, und die Klasse spendete lauten Beifall.

„Das ist wirklich ein ganz vorzüglicher Aufsatz", lobte sie Herr Steele und schüttelte ihr die Hand.

„Ja, das kann man wohl behaupten", fügte Frau Pollock hinzu. „Aber auch die anderen Aufsätze waren sehr gut, und ich habe es zutiefst bedauert, daß wir nicht jedem von euch einen Preis verleihen konnten. Aber da es nur einen Preis zu vergeben gab, so bekommt ihn Susan Bascombe!"

Susan nahm ihn unter dem stürmischen Beifall der Klasse mit leicht niedergeschlagenen Augen entgegen. Dann wandte sie sich an Herrn Steele: „Ich bedanke mich ganz herzlich bei meinem Englischlehrer, ohne dessen wertvolle Anregungen es mir nicht gelungen wäre, diesen Preis zu gewinnen, auch wenn es sich um ein Thema handelt, das mir ganz besonders am Herzen liegt."

„Ich drehe gleich durch", flüsterte Jill Linda zu. „Man könnte meinen, ihr wurde die Doktorwürde verliehen!"

„Für ihr schauspielerisches Talent müßte sie sie bekommen!" erwiderte Linda.

Herr Steele richtete noch ein paar abschließende Worte an die Klasse, bevor er sie entließ.

„Geh jetzt gleich zu ihm!" sagte Jill und packte Linda am Arm.

Linda spürte, wie ihr das Herz bis zum Hals hinauf schlug, und sie war nahe daran, aufzugeben und die Angelegenheit auf sich beruhen zu lassen. Doch dann siegte ihr Sinn für Gerechtigkeit, und sie ging auf den Englischlehrer zu. Erleichtert stellte sie fest, daß Frau Pollock bereits gegangen war, denn sie wollte die Sache lieber mit dem Lehrer unter vier Augen besprechen.

„Ja, Linda?" fragte Herr Steele.

„Herr Steele ...", begann Linda zögernd und schluckte ein paarmal, bis sie weiterredete. „Herr Steele, der Aufsatz, den Susan vorgelesen hat ..."

„War ausgezeichnet", fiel ihr der Lehrer ins Wort. „Sie hat den Preis wirklich verdient. Ich habe es sehr bedauert, Linda, daß dein Aufsatz nicht mehr zum Vorschein gekommen ist."

„Aber das stimmt nicht", widersprach Linda dem Lehrer. „Susan hat ihn vorgelesen!"

Herr Steele schaute sie an, als wäre sie nicht bei Sinnen. „Ich weiß nicht, ob ich richtig verstanden habe", sagte er. „Willst du damit behaupten, daß Susans Aufsatz in Wirklichkeit deiner ist?"

Linda nickte lebhaft. „Ja, genau das. Mein Aufsatz ist nicht unter irgendwelche Hefte gerutscht oder sonstwo verlorengegangen, sondern Susan hat ihn als den ihren ausgegeben! Herr Steele, Sie müssen mir glauben!"

Der Englischlehrer war offensichtlich verwirrt. „Linda, bist du dir im klaren darüber, was du da behauptest?"

„Ja, durchaus", erwiderte Linda.

Jill war inzwischen mit Susan zurückgekommen, die nicht ganz freiwillig Jills Aufforderung gefolgt war.

„So was Verrücktes ist mir noch nie untergekommen!" sagte Susan und musterte die beiden Mädchen mit einem verächtlichen Blick. „Linda, ich hätte nie von dir angenommen, daß du dir vor lauter Neid eine so irrwitzige Geschichte ausdenkst! Und das nur, weil du keine Zeit gehabt hast, einen Aufsatz zu schreiben. Kein Wunder, wenn du dich die ganze Zeit in diesem dämlichen Tier-Treff wichtig machst!"

Jill, die noch immer Susans Arm umklammerte, zwickte sie, so daß Susan aufschrie: „Au, du tust mir ja weh!"

„Das geschieht dir ganz recht", sagte Linda. „Vielleicht könntest du einmal in deinem Leben die Wahrheit sagen!"

„Beruhigt euch wieder!" ermahnte der Englischlehrer die drei. „Linda, erzähl bitte jetzt deine Version, und dann höre ich mir die von Susan an."

Linda erzählte alles der Reihe nach – wie sie den Aufsatz zum zweitenmal tippen mußte, weil Gigi die erste Fassung zerrissen hatte, und wie sie die getippten Blätter Susan gegeben hatte und wie dann der Aufsatz plötzlich verschwunden war. Und daß sie dann Wort für Wort wiedererkannt hatte, als Susan ihren Aufsatz vorgelesen hatte.

„So ein Unsinn!" stritt Susan alles ab. „Sehen Sie, Herr Steele, ich habe ihn auf meiner elektrischen Schreibmaschine getippt. Die läßt sich nicht vergleichen mit deinem klapprigen Kasten, Linda, der kein ‚R' tippt!"

„Wie weißt du denn, daß meine Maschine kein ‚R' tippt, wenn du meinen Aufsatz nicht gesehen hast?" fragte Linda.

„Ja, Susan, wie kannst du das wissen?“ sagte Herr Steele.

„Oh, ich habe schon öfter Sachen gesehen, die Linda getippt hat“, erwiderte Susan. „Auf jeden Fall habe ich meinen eigenen Aufsatz vorgelesen. Beweis mir das Gegenteil, wenn du kannst, Linda!“

Linda war dem Verzagen nahe, denn sie hatte keinen Beweis. Aber plötzlich kam ihr der rettende Gedanke. „Herr Steele, ich habe nichts in der Hand, was ich Ihnen zeigen könnte, aber da ich den Aufsatz insgesamt dreimal geschrieben habe, kann ich ihn beinahe auswendig. Darf ich ihn Ihnen aufsagen?“

Susan wurde merklich blaß, und Herr Steele machte ein erwartungsvolles Gesicht und meinte: „Also, fang an!“

Linda holte tief Luft, ehe sie begann: „Haben Sie schon einmal nachgedacht, woher all die streunenden Hunde und Katzen kommen, die im Tierheim landen? Haben Sie schon einmal ein Tier gefüttert, das ausgesetzt worden ist? Und haben Sie es dann dem Nächstbesten, der Mitleid mit ihm hatte, überlassen? Haben Sie schon einmal ein Haustier gehabt, das Sie nicht behalten konnten, aber nicht wußten, wohin damit? Haben Sie dann entschieden, daß ...“

„Das reicht, Linda“, unterbrach der Englischlehrer sie. „Susan, hast du etwas dazu zu sagen?“

„Sie hat ein gutes Gedächtnis, das ist alles“, erwiderte Susan.

Herr Steele warf Linda einen flüchtigen Blick zu. Er hatte ihre Worte mit Susans Aufsatz verglichen und meinte: „Niemand hat ein so gutes Gedächtnis. Linda ist schließlich kein Tonbandgerät. Aber wenn sie den Aufsatz dreimal geschrieben hat, dann ist es möglich, daß sie ihn nahezu wörtlich wiedergeben kann."

„Dann glauben Sie mir also?" frage Linda hoffnungsvoll.

Anstatt auf ihre Frage einzugehen, sagte Herr Steele zu Susan: „Ich gebe dir noch eine Chance, Susan, wenn du jetzt sagst, wer von euch beiden die Wahrheit spricht."

Susan schwieg eine Weile, ehe sie antwortete: „Linda."

„Ich glaube, du solltest dich bei Linda entschuldigen, Susan", sagte Herr Steele. „Und ich meine auch, du solltest sofort den Scheck über fünfzig Dollar zurückgeben. Ich werde ihn an den Tierschutzverein weiterleiten, damit sie einen neuen auf Lindas Namen ausstellen."

Linda strahlte und drückte vor Freude Jills Arm.

Susan legte den Scheck auf Herrn Steeles Schreibtisch und meinte verächtlich: „Da, ich brauche die paar Dollar nicht!"

„Dessen bin ich mir sicher", erwiderte Herr Steele. „Aber ich könnte mir gut vorstellen, daß du eine ausreichende Englischnote brauchst, um in die nächste Klasse aufzusteigen. Und die wirst du sicher nicht bekommen. Denn wer die Arbeit eines anderen als die seine ausgibt, der handelt widerrechtlich. Susan, wenn du nicht die Klasse wiederholen willst, dann rate ich dir, bis Montag einen Aufsatz von tausend Wörtern zu dem Thema ‚Was ist Betrug?' zu schreiben. Und bitte, säuberlich getippt!"

Susan machte ein saures Gesicht. „Mein Vater wird sich beim Schuldirektor beschweren", brummte sie.

„Das kann er ruhig tun", entgegnete Herr Steele. „Aber er wird nicht sehr erfreut sein, zu erfahren, daß seine Tochter eine fremde Arbeit als die eigene ausgibt." Mit diesen Worten erhob er sich von seinem Schreibtisch und begleitete Linda und Jill zur Tür. Dann reichte er Linda die

Hand und sagte: „Herzlichen Glückwunsch. Ich freue mich schon darauf, deinen Aufsatz im *Tagesanzeiger* zu lesen. Ich werde mich darum kümmern, daß dir morgen der Scheck zugeht."

Linda strahlte. „Danke, Herr Steele, vielen Dank!"

Auf der Wildlife-Farm

„Ich kann es nicht fassen, daß jemand so gemein sein kann", sagte Erin, als Linda ihrer Familie am Abend erzählte, wie sich Susan auf so hinterlistige Weise mit fremden Federn schmücken wollte. „Wenn Herr Steele nicht von ihr verlangt hätte, den Aufsatz vorzulesen, wäre ihr niemand auf die Schliche gekommen!"

„Doch, spätestens an dem Tag, an dem mein Aufsatz im *Tagesanzeiger* erschienen wäre", sagte Linda. „Aber bis dahin hätte Susan den Scheck schon längst eingelöst und sich das Kleid gekauft, das sie unbedingt haben wollte. Und ich wäre um die fünfzig Dollar gekommen, die ich so dringend für Ghosts Operation brauche."

„An deiner Stelle hätte ich ihr eine Ohrfeige gegeben, daß es nur so geknallt hätte!" sagte Teddy.

„Nein, das hättest du sicher nicht getan", wies ihn sein Vater zurecht. „Zumindest hoffe ich, daß du es nicht getan hättest. Linda hat ganz richtig gehandelt, und ich bin stolz auf sie." Der Tierarzt legte einen Arm um Lindas Schultern und drückte ihr einen Kuß auf die Wange. „Frau Pollock rief mich an, nachdem Herr Steele mit ihr gesprochen hatte. Sie konnte nicht verstehen, warum ich nicht in der

8 9705-8

Jury sein wollte, die die Aufsätze zu bewerten hatte. Aber als ich ihr erklärte, daß ich nicht bei einem Wettbewerb, an dem meine Tochter teilnimmt, Schiedsrichter spielen will, sah sie das ein. Übrigens, sie gibt morgen deinen Scheck im Tier-Treff ab."

„Ich freue mich so darüber", sagte Linda. „Und was mich noch mehr freut, ist, daß Susan sich das ganze Wochenende mit ihrem Aufsatz über das Thema ‚Betrug' abplagen muß!"

„Ich habe eine tolle Idee!" rief Teddy. „Wenn sie damit fertig ist, sollten wir Gigi bei ihr vorbeischicken, damit sie auch ihren Aufsatz zerreißt. Dann müßte auch sie ihn noch einmal tippen."

Alle lachten, Doktor Taylor nicht ausgenommen.

In diesem Augenblick sprang Cleveland auf Lindas Schoß und schnurrte laut. Linda streichelte sein weiches, rotweißes Fell. „Übrigens, wo ist eigentlich Gigi?" erkundigte sie sich. „Ihr müßt sie sehr gut versteckt haben, denn sonst würde sich Cleveland nicht so wohl fühlen."

„Sie ist im Hobbyraum", erklärte ihr Erin. „Ich weiß nicht, warum wir nicht früher daran gedacht haben, sie dort einzusperren. Ich habe sie mit hinuntergenommen, als ich Ballett üben ging. Und weil es ihr da so gut gefallen hat, habe ich sie unten gelassen. Es macht ihr einen Riesenspaß, sich mit dem Schwanz an die Übungsstange zu hängen und vor dem Spiegel Grimassen zu schneiden. Ich habe sicherheitshalber die anderen Türen geschlossen, damit sie nichts anrichten kann."

„Und natürlich hast du auch die Tür zur Waschküche geschlossen", sagte ihr Vater.

Schweigen.

Gigi saß in einem Korb mit frisch gewaschener Wäsche und war gerade dabei, sich Erins Ballettröckchen anzuziehen

„Zur Waschküche?“ überlegte Erin. „Ich kann mich nicht daran erinnern . . .“

Linda nahm Cleveland vom Schoß und sprang auf. „Das Waschpulver!“ rief sie.

„Der Weichspüler, das Bleichmittel!“ fuhr ihr Vater fort und folgte Linda zur Waschküche.

„Ach, Erin, ich frage mich, was du eigentlich in deinem Kopf hast!“ lästerte Teddy und ging neugierig mit den anderen die Treppe hinunter.

Unten angekommen, öffnete Linda die Tür zur Waschküche. Sie spähte hinein und rief: „Nein, nicht schon wieder! Das ist der dritte Schneesturm in einer Woche!“

Der ganze Fußboden war bedeckt mit Waschpulver, und Gigi hockte in einem Korb mit frisch gewaschener Wäsche und versuchte, sich Erins Ballettröckchen anzuziehen. Über den Kopf hatte sie sich eine von Erins Socken wie eine Mütze gezogen. Weitere Kleidungsstücke lagen verstreut herum. Auch sie waren mit Waschpulver bedeckt, dessen Geruch Linda in Nase und Augen brannte. Auf den Jeans ihres Vaters lag die Flasche mit dem Bleichmittel, der Verschluß halb geöffnet, und die Hose war nicht mehr einheitlich blau, sondern wies helle Flekken auf.

Gigi begann fröhlich zu schnattern, doch sobald Linda die Arme nach ihr ausstreckte, sprang sie auf die Waschmaschine. Aber schließlich gelang es Linda dennoch, das Äffchen einzufangen.

„Ich weiß, ich muß schon wieder saubermachen“, sagte Erin.

„Wir helfen dir“, versprach ihr Vater. „Linda, bitte bring Gigi nach oben, und sperr sie in dein Zimmer ein. Und du,

Teddy, du hilfst uns hier." Er hob seine Jeans auf. „Ausgerechnet meine Lieblingsjeans!" seufzte er.

„He, Paps, ich habe eine Idee!" rief Teddy, während er die Kleidungsstücke vom Boden auflas. „Wie wäre es, wenn wir Gigi schon morgen statt am Sonntag zur Wildlife-Farm bringen? Oder noch heute abend?"

„Ja, eine gute Idee", stimmte Erin ihm bei. „Warum nicht gleich jetzt?"

„Ich hätte nichts dagegen", erwiderte ihr Vater. „Aber die Wildlife-Farm ist erst morgen ab zehn Uhr geöffnet, und auch der Tier-Treff öffnet erst um neun. Wir müssen doch noch Leo abholen. Ich fürchte, wir werden bis Sonntag warten müssen."

„Ich glaube, Gigi, du bist bei deinen Freunden in Ungnade gefallen", sagte Linda zu dem Äffchen, als sie es nach oben trug. „Glaube mir, du wirst von der Wildlife-Farm begeistert sein. Und wir erst, wenn du fort bist..."

Sonntag nachmittag, kurz nach zwei Uhr, fuhr der Kombi der Tierklinik die Landstraße zur Wildlife-Farm entlang. Linda und Erin saßen vorne neben ihrem Vater. Erin hielt Gigi in den Armen. Das Äffchen trug ein weites Faltenröckchen, das einmal Erins Puppe gehört hatte.

Sie sieht darin aus wie ein abgemagertes, häßliches Kind, dachte Linda. Aber Gigis Fell glänzte, und ihre Augen ebenfalls – vor Begeisterung und List. Linda konnte es kaum fassen, daß das das Äffchen war, welches sie noch vor kurzem im Zefferelli-Zoo gesehen hatte. Es war schmutzig und zerzaust gewesen, hatte eine triefende Nase gehabt und war so mager, daß es sich kaum auf den Beinen halten konnte. Aber nun war Gigi kerngesund und zu tausend Späßen aufgelegt. Zum Glück ahnen die Leute von der Wildlife-Farm nicht, was da auf sie zukommt, dachte Linda.

„Ist es noch weit?“ wollte Teddy wissen. Er saß neben Toby auf dem Rücksitz. Leo lag auf Tobys Schoß, und seine dicken Pfoten klammerten sich an der Sitzbank fest. Auch das Löwenbaby war kaum wiederzuerkennen. Es war frisch gebadet, und obwohl man es nicht gerade als rundlich bezeichnen konnte, sah es recht wohlernährt aus. Es wird nicht mehr lange dauern, bis Leo wie ein junger Prinz aussieht, dachte Linda.

„Noch etwa zehn Minuten“, beantwortete der Tierarzt Teddys Frage. „Auf der rechten Seite muß bald ein Schild kommen. Achte darauf, Teddy!“

Linda beugte sich über die Rückenlehne und streichelte Leos Kopf. „Ich weiß, daß es nicht möglich ist, aber er sieht um einen ganzen Kopf größer aus“, sagte sie.

Toby schüttelte den Kopf. „Nein, das kann nicht sein. Wie du siehst, hat er noch immer nur einen!“

Linda streckte Toby die Zunge heraus und meinte: „Sehr komisch!“

„Hier ist das Schild der Wildlife-Farm!“ rief Erin. „Seht ihr es?“

Der Tierarzt verringerte das Tempo und betätigte den Blinker, bevor er nach rechts in einen schmalen Feldweg einbog.

„Da sind wir!“ rief Teddy, als der Kombi unter einem großen Holzschild, das über dem Weg angebracht war, anhielt. WILLKOMMEN AUF DER WILDLIFE-FARM stand darauf.

Linda, Erin, Teddy und Toby spähten neugierig aus den

Wagenfenstern. Vor ihnen lag ein riesiger Park, der in zahlreiche Gehege unterteilt war, in denen die verschiedensten Tiere untergebracht waren.

„Seht mal, Büffel!" staunte Teddy.

„Und da drüben sind Rehe!" rief Erin.

„He, ist dort nicht ein Zebra?" wollte Toby wissen.

„Nein, ein Pferd im Schlafanzug!" erwiderte Teddy.

„Und da hinten sind Bären!" rief Linda.

Der Tierarzt fuhr langsam den Weg entlang und blieb schließlich auf dem Parkplatz vor einem langgestreckten Gebäude stehen, in dem die Verwaltung untergebracht zu sein schien. Zu beiden Seiten des Eingangs erstreckten sich bunte Blumenbeete.

„Ihr wartet im Wagen", sagte Doktor Taylor. „Ich erkundige mich zuerst, wohin wir Gigi und Leo bringen sollen."

Das Äffchen versuchte, sich aus Erins Armen zu befreien, um dem Tierarzt zu folgen. Doch Linda hinderte es daran. „Warte, Gigi", sagte sie. „Ich sehe, du kannst es kaum erwarten, dein neues Zuhause kennenzulernen."

„Oh, Gigi wird mir schrecklich fehlen!" jammerte Erin. „Ich weiß nicht, ob es eine so gute Idee war, hierherzufahren. Seht doch, wie süß sie aussieht in dem Kleidchen!"

„Ja, und sie sah auch so süß aus, als sie auf der Vorhangstange saß, nachdem sie meinen Aufsatz zerrissen hatte", sagte Linda. „Und sie sah auch so nett aus, als sie von oben bis unten mit Mehl bedeckt in der Speisekammer hockte..."

„Du hast ja recht, Linda", gab Erin zu. „Aber sie wird mir trotzdem fehlen."

„Mir auch", jammerte Teddy. „Und auch Leo."

„Auch mir fällt der Abschied von Leo sehr schwer", gab Toby zu und streichelte den Kopf des Löwenbabys. „Ich habe sogar meinen Vater gefragt, ob wir ihn nicht bei uns auf dem Hof halten könnten, aber er meinte, das sei ausgeschlossen, denn Kühe und Löwen würden sich niemals vertragen. Wahrscheinlich hat er recht."

„Ich dachte, Frau Racer würde in Tränen ausbrechen, als wir ihr sagten, daß wir Gigi wegbringen", sagte Erin.

„Höchstens in Freudentränen", entgegnete Linda spitz. „Auch sie weiß, daß das die beste Lösung für Gigi ist. Wenn wir Gigi und Leo das nächste Mal besuchen, will sie mit uns mitkommen."

„Da kommt Paps", rief Teddy.

Der Tierarzt stieg wieder in den Wagen und ließ den Motor an. „Wir müssen auf die andere Seite des Hauses und dann den Sandweg entlangfahren", erklärte er ihnen. „Das Affenhaus liegt gleich neben dem von Leo. So können sich die beiden sogar sehen." Dann fügte er mit einem verschmitzten Lächeln hinzu: „Auf Gigi wartet eine Überraschung."

„Was für eine?" wollte Erin wissen.

„Wenn ich es dir sage, ist es keine Überraschung mehr", antwortete ihr Vater.

„Ach, Paps, das sagst du jedesmal", meinte Erin enttäuscht.

„Weil es so ist, mein Kind", erwiderte der Tierarzt.

Gleich darauf hielten sie vor zwei großen Käfigen aus Maschendraht, in denen mehrere Bäume standen. Vor einem Baum des größeren Käfigs baumelte an einem Seil ein Autoreifen, und zwischen zwei anderen war ein Drahtseil gespannt.

Ein Mädchen, das etwa in Lindas Alter war und Jeans und ein T-Shirt mit der Aufschrift *Wildlife-Farm* trug, kam ihnen entgegen, um sie zu begrüßen.

„Hallo, ich bin Melissa“, sagte sie. „Und hier werden Gigi und Leo von nun an wohnen. Wir freuen uns riesig über die beiden. Wir wollten schon so lange einen Löwen.“ Sie kniete neben Leo nieder und kraulte ihn hinter den Ohren. „Du wirst ein prächtiger Löwe sein, wenn du groß bist“, sagte sie. „Um ehrlich zu sein, du bist jetzt schon ein sehr hübscher Kerl.“

Leo knurrte vor Behagen. Das Mädchen öffnete die Tür des Käfigs und bat Toby, Leo hineinzutragen. Dann wandte sie sich Erin zu: „Was für ein hübsches Kleidchen Gigi anhat, aber du solltest es ihr besser ausziehen, denn sie könnte damit an einem Ast hängenbleiben.“

Erin machte ein enttäuschtes Gesicht, gehorchte aber. „Ich hoffe, Gigi wird sich nicht allzu einsam fühlen“, meinte sie. „Schließlich ist sie es gewohnt, ständig Menschen um sich zu haben.“

„Sicher nicht. Hier sind immer eine Menge Leute“, versicherte ihr Melissa. „Selbst im Winter wird sie nicht einsam sein, das kann ich dir versprechen. Sie und Leo werden in beheizten Räumen untergebracht, und Gigi kann mit Elmer spielen.“

„Wer ist Elmer?“ erkundigte sich Linda.

Melissa ging zum höchsten Baum und pfiff. Gleich darauf bewegte sich ein Ast, und ein Kapuzineräffchen kletterte den Baumstamm herunter. Als Gigi den Artgenossen erblickte, begann sie lebhaft zu schnattern, und Elmer schnatterte zurück. Wenige Minuten später turnten die beiden vergnügt auf dem Baum herum.

„Das war die Überraschung", sagte der Tierarzt zu Erin. „Elmer ist auch erst seit gestern hier."

„Oh!" meinte Erin erstaunt.

„Bist du nicht froh darüber, daß Gigi einen Freund hat?" wunderte sich Linda.

„Doch, doch", sagte Erin. „Aber ich möchte, daß sie sich trotzdem von mir verabschiedet." Sie schaute traurig auf das Puppenkleid in ihren Händen. „Wahrscheinlich hat sie uns gar nicht liebgehabt", meinte sie.

„Natürlich hat sie das", sagte ihr Vater und legte tröstend einen Arm um sie. „Aber sie freut sich jetzt, daß sie einen Artgenossen zum Spielen hat. Ich wette, du würdest das gleiche empfinden, wenn du bei einer Affenfamilie gelebt hättest und dir plötzlich ein Kind in deinem Alter begegnen würde."

„Ja, wahrscheinlich hast du recht, Paps", erwiderte Erin.

Nachdem Melissa die Tür des Affenhauses geschlossen hatte, ging Linda zu Toby und Teddy in den Löwenkäfig, um zu sehen, wie Leo sein neues Zuhause erforschte. Er hatte einen großen Gummiball entdeckt und spielte damit wie ein kleines Kind.

„Schau, Mama!" rief ein kleiner Junge und zog seine Mutter zu Leos Käfig. Gleich darauf kamen noch ein paar Schaulustige, die sich an Gigis und Leos Anblick erfreuten.

Linda gab Leo zum Abschied einen liebevollen Klaps. Dann verließen sie alle Leos Käfig, und Melissa schloß die Tür hinter ihnen ab.

„Bis nächste Woche!" rief Teddy dem Löwenbaby zu. „Gigi, bis Sonntag!" Dann wandte er sich an seinen Vater: „Sag, Paps, sehen wir uns jetzt noch die anderen Tiere an?"

„Selbstverständlich", meinte der Tierarzt und nahm Erin

und Teddy bei der Hand. „Ich glaube, ich habe ein Schild gesehen, daß man hier Ponys reiten kann. Das wäre doch was für euch."

Erins Miene hellte sich augenblicklich auf. „Au, fein, Paps!" rief sie begeistert. Dann warf sie Gigi noch einen letzten Blick zu und meinte: „Viel Spaß mit deinem neuen Freund, Gigi!" Gleich darauf ging sie mit Teddy und ihrem Vater zu den Ponys.

„Weißt du, Toby, ich habe über Gigi nachgedacht", sagte Linda. „Ich habe sie für das Mißgeschick mit meinem Aufsatz ganz allein verantwortlich gemacht. Aber wenn sie ihn nicht zerrissen hätte, dann hätte ich ihn nicht noch einmal getippt und mich sicher nicht so gut an jedes Wort erinnern können. Und dann hätte Susan den Wettbewerb gewonnen."

„Willst du damit sagen, daß du Gigi den Preis verdankst?" fragte Toby.

„Erraten!" sagte Linda. „Schau, da ist sie ja."

Das Äffchen schwang sich von dem Seil, das zwischen zwei Bäumen gespannt war, und hüpfte auf Linda und Toby zu. Dann kletterte es den Zaun hinauf und streckte ihnen sein dünnes Ärmchen entgegen.

Linda schmunzelte, als sie die kleine Affenhand schüttelte. „Danke für deine Hilfe", sagte sie.

Gigi umklammerte Lindas Zeigefinger. Dann quietschte sie vergnügt und sprang mit lautem Geschnatter wieder auf den Baum, auf dem Elmer auf sie wartete.

Linda griff nach Tobys Hand und meinte: „Komm, laß uns zu den anderen gehen. Mal sehen, wer von uns beiden schneller laufen kann."

Und gleich darauf rannten sie lachend los.

Spannende SchneiderBücher von Virginia Vail:

HABE ICH		WÜNSCHE ICH MIR
	Tierarzt-Praxis Birkenallee 7 (Band 1) **Linda wird überall gebraucht** Linda hat nicht nur ein Herz für Tiere, sie ist auch zu großen Opfern für sie bereit	
	Tierarzt-Praxis Birkenallee 7 (Band 2) **Ein Hundeleben in Gefahr** Linda beweist, daß sie nicht nur eine gute Tierarzthelferin ist, sondern auch eine geschickte Detektivin	
	Tierarzt-Praxis Birkenallee 7 (Band 3) **So ein Affentheater** Ein Äffchen und ein Löwenbaby stellen Lindas Geduld auf ein harte Probe	
	Tierarzt-Praxis Birkenallee 7 (Band 4) **Die Tierliebe siegt** Linda muß noch einmal erkennen: Freundschaft und Tierliebe sind nicht selbstverständlich	

Gib diesen Wunschzettel Deinen Eltern oder Großeltern oder allen, die Dir gerne eine Freude machen wollen.

Spannende Schneider Bücher von Betsy Byars

HABE ICH		WÜNSCHE ICH MIR
	Die Maronis (Band 1) **Eine Familie hält zusammen** Helle Aufregung bei den Maronis	
	Die Maronis (Band 2) **Junior hält alle in Atem** Eine Kojotenfalle und die Folgen	
	Die Maronis (Band 3) **Wirbel um das Grüne Phantom** Ein Traum wird wahr	
	Die Maronis (Band 4) **Eine Mutter wie keine andere** Maggie übernimmt das Kommando	

Gib diesen Wunschzettel Deinen Eltern oder Großeltern oder allen, die Dir gerne eine Freude machen wollen.